高等职业教育"十四五"规划教材

泡菜生产机械设备使用与维护规范

何强　等　编著

中国农业大学出版社
·北京·

内容简介

本书根据现代泡菜生产工艺所涉及的主要机械设备先后顺序编著而成。全书包括泡菜生产概述以及清洗切分设备、脱盐脱水设备、拌料设备、密封包装设备、杀菌冷却设备、整形除水设备、在线检测设备、打包装箱喷码设备、装卸设备、传输设备等 15 个任务，共 16 部分。其中，第一部分为泡菜生产概述，简要介绍现代泡菜的生产工艺流程、操作要点及生产需要的主要机械设备类型。15 个任务是本书的重点，以“任务”的形式编排，分别从功能、结构与原理、操作步骤与规范、维护要点、安全注意事项五个方面内容详细介绍现代泡菜生产过程中使用的各类主要机械设备，集理论知识与生产实践于一体，并更侧重生产操作实用性。本书既可以作为开设相关课程的高等职业学院师生的教辅材料，又可以作为泡菜生产企业员工的培训用书。

图书在版编目(CIP)数据

泡菜生产机械设备使用与维护规范 / 何强等编著. -- 北京：中国农业大学出版社，2024.4

ISBN 978-7-5655-3125-5

Ⅰ.①泡…　Ⅱ.①何…　Ⅲ.①泡菜-蔬菜加工-生产设备-研究　Ⅳ.①TS255.54

中国国家版本馆 CIP 数据核字(2023)第 235762 号

书　　名　泡菜生产机械设备使用与维护规范
作　　者　何　强　等编著

策划编辑　康昊婷　　**责任编辑**　康昊婷　刘彦龙
封面设计　郑　川　李尘工作室
出版发行　中国农业大学出版社
社　　址　北京市海淀区圆明园西路 2 号　　**邮政编码**　100193
电　　话　发行部 010-62733489,1190　　编辑部 010-62732617,2618
出版部 010-62733440　　读者服务部 010-62732336
网　　址　http://www.caupress.cn　　**E-mail**　cbsszs@cau.edu.cn
经　　销　新华书店
印　　刷　涿州市星河印刷有限公司
版　　次　2024 年 4 月第 1 版　　2024 年 4 月第 1 次印刷
规　　格　185 mm×260 mm　　16 开本　　7.25 印张　　168 千字
定　　价　39.00 元

编审人员

编著者：

何　强（眉山职业技术学院）

郑友鹏（眉山职业技术学院）

张　凯（眉山职业技术学院 ）

谢碧秀（眉山职业技术学院）

李杉杉（眉山职业技术学院）

彭　婷（眉山职业技术学院）

张　伟（四川东坡中国泡菜产业技术研究院）

昝加志（四川眉山市彭山区市场监管局市场监管综合治理服务中心）

主　审：

张其圣（四川省食品发酵工业研究设计院有限公司副总经理、四川东坡中国泡菜产业技术研究院执行院长 教授级高级工程师）

郭吉祥（中共眉山“中国泡菜城”工作委员会书记）

前言 Preface

泡菜是我国的传统食品。特别是在四川眉山，泡菜作为地方特色产品，其加工业已成为四川眉山的农产品加工支柱产业。四川眉山被誉为“中国泡菜之乡”。

党的十八大以来，我国高度重视扶贫攻坚和农业产业化发展，把扶贫开发摆到治国理政的重要位置，提升到事关全面建成小康社会、实现第一个百年奋斗目标的新高度。党的二十大报告中明确提出，全面推进乡村振兴，坚持农业农村优先发展，巩固拓展脱贫攻坚成果，加快建设农业强国，扎实推动乡村产业、人才、文化、生态、组织振兴。四川省委、省政府坚决贯彻习近平新时代中国特色社会主义思想，坚持把脱贫攻坚和乡村振兴作为全省头等大事来抓，坚决有力地推进精准扶贫、乡村振兴。泡菜产业是四川省最具特色的优势农产品加工产业之一，是食品行业中新的经济增长点，是科技推动行业改造升级并促进发展的一个典型传统产业。在各级政府的大力支持下，经行业的共同努力，传统四川泡菜得到了长足的健康发展，形成了眉山、成都两大泡菜产业集群，涌现出了“吉香居”“李记”“味聚特”“川南”“惠通”“新繁”“盈棚”等诸多全国闻名的四川泡菜品牌，从而使家家户户餐桌上的“小泡菜”变成了农民脱贫增收致富的“大产业”。目前，四川省已建成泡菜原料基地 200 万亩（1 亩≈667 m^2）以上，年加工鲜菜近 700 万 t，产业从业人员超过60 万人，产值上亿元的泡菜加工企业已经超过 30 家，不少泡菜加工企业已经上市或者正在筹备上市。

从某种意义上讲，食品机械的使用和更新升级代表了食品工艺技术的进步。随着泡菜生产技术的进步，泡菜生产已经从最初的手工作坊操作加工更新升级为机械化、自动化生产。调研发现，目前的泡菜企业急需一批既有食品机械理论基础，又有食品机械使用维护技术技能的人才，特别是对掌握泡菜生产机械设备规范使用操作及维护的技术技能型人才需求旺盛，因此，对泡菜机械设备规范操作和保养维护人才的培养刻不容缓。目前市场上还没有针对性地、系统地介绍泡菜生产加工机械设备使用维护的专业书籍或教材，已经出版的食品机械类教材一般更注重内容编排的普适性，而机械结构和原理类知识偏重，操作规范和保养维护方面的内容偏少，甚至没有这方面的内容。为此，我们根据目前泡菜现代化生产所需的主要设备，联合部分泡菜生产企业技术人员、泡菜机械设备设计人员共同编著了《泡菜生产机械设备使用与维护规范》一书。

本书介绍了现代泡菜生产工艺所涉及的主要机械设备，并按照机械在生产流程中使用的先后顺序编写。全书包括泡菜生产概述、清洗切分设备、脱盐脱水设备、拌料设备、密封包装设备、杀菌冷却设备、整形除水设备、在线检测设备、打包装箱喷码设备、传输设备等。泡菜生产概述部分简要介绍现代泡菜的生产工艺流程、操作要点及生产需要的主要机械设备类型，然后以“任务”的形式，分别从功能、结构与原理、操作步骤与规范、维护要点、安全注意事项五个方面详细介绍现代泡菜生产过程中使用的各类主要机械设备，集理论知识与生产实践于一体，侧重生产操作实用性。本书既可以作为开设相关课程的高等职业学院师生的教辅材料，又可以作为泡菜生产企业员工的培训用书。

我们相信，此书对泡菜生产企业机械设备操作与维护人员的知识储备和能力提升，对泡菜产业整体规范化水平提升将有重要意义。

借此机会，特向参加编写的各专业技术人员和参考的著作、论文、文献资料的作者以及校验编审人员表示深深的谢意！感谢泡菜生产企业同仁对本书编著的大力支持和厚爱！

因现代泡菜生产工艺技术不断创新发展，机械设备升级变化日新月异，书中涉及的机械设备难免挂一漏万；另因时间仓促、作者能力所限，本书有不妥甚至错误之处在所难免，敬请读者批评指正！

何强
于四川眉山
2023 年 8 月

目录

Contents

泡菜生产概述

泡菜是我国传统特色发酵食品的典型代表，已有上千年的食用历史，在全国各地广受欢迎。泡菜以乳酸菌主导发酵，富含以乳酸菌为主的功能菌群，风味独特、营养丰富，既可满足人们的口味需求，又可增加食欲、促进消化，是名副其实的健康食品，深受消费者喜爱。

根据泡菜生产工艺的不同，目前将泡菜分为传统（泡渍）泡菜和现代（调味）泡菜。

传统泡菜以四川泡菜为主，它是以生鲜蔬菜为原料，经中低盐盐水（2%～10%）泡渍发酵而成的蔬菜制品。传统泡菜加工生产大多以家庭作坊或小规模企业为主，占地面积小，产量低，多以陶坛为主要泡渍发酵容器，用食盐水密闭泡渍发酵，泡渍发酵完成后即可食用。传统泡菜以乳酸发酵为主，乳酸含量0.5%～1.0%，成品泡菜多数不包装或散装、不作杀菌处理，具有新鲜、清香、脆嫩、可口的特点。四川地区的食用方法是直接食用或拌上调味品（多数为红油辣椒、糖、味精等）食用，也可以作为烹饪调味品。

现代泡菜是以生鲜蔬菜为原料，在腌制容器（多为腌制池）中经食盐腌制（多采用两段腌制）、脱盐、压榨脱水、调味配方、包装、杀菌冷却、检测等工序处理而成的蔬菜制品。现代泡菜与传统泡菜相比，生产量大，用盐量较多，多借助现代化生产机械设备完成产品的生产过程。所以，传统泡菜生产工艺与现代泡菜生产工艺有一定的区别。本书重点介绍现代泡菜生产过程中所使用的主要机械设备的结构和原理、使用规范、维护要点等。

一、现代泡菜的生产工艺流程及操作要点

（一）工艺流程

现代泡菜生产的工艺流程见图0-1。

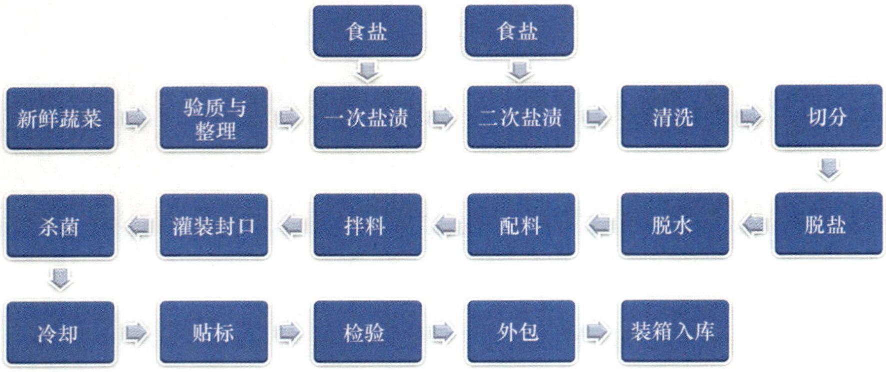

图 0-1　现代泡菜生产的工艺流程

(二)操作要点

1. 原料选择

现代泡菜生产原料的选择与传统泡菜的要求一样,必须为新鲜、成熟适度(太嫩或太老均会影响产品质量)、无病虫害、无机械损伤的优质、无公害的蔬菜原料。现代泡菜生产的盐渍发酵时间较长,因此对原料选择还应强调原料干物质含量相对要高、水分含量相对要低、酚类物质含量相对要低、加工时汁液不易外流、去皮切分后不易发生酶促褐变、耐贮运等。原料选择非常重要,只有优质的蔬菜原料,才能加工生产出优质的泡菜产品。

2. 生鲜蔬菜挑选、整理、入池

将选择好的生鲜蔬菜原料进行必要的挑选和整理,去除根须、老皮(茎)、黄叶等。对含有泥沙等的蔬菜则必须先作清洗处理,并沥干水分。若有必要的话,还须进行大小、品质的分级处理。

蔬菜原料的洗涤难度较大,一是量大,加工时间集中;二是原料品种繁多,规格形状各异;三是根菜类及块茎类蔬菜,如萝卜、芥菜等携带泥沙较多,有些甚至被粪、肥、农药等污染。将蔬菜原料在加工前洗涤干净,减少附着于原料表面的微生物,对保证产品卫生和质量是十分重要的。

最简单的洗涤方法是手工洗涤。主要洗涤设备为洗涤槽,其规格可按产量要求设计。槽上安有水龙头,槽壁用水泥抹光或镶装瓷砖,槽下有排水孔。洗涤时用水浸泡原料,使附着物变软,然后进行刷洗和喷洗。洗涤过程中要保持水的清洁并用流动水,防止不洁的水重复使用。目前部分企业在蔬菜的洗涤过程中用机器洗菜代替了手工洗菜。

清洗好的蔬菜放入盐渍池(即"入池",有些企业使用大型陶罐或大型不锈钢容器),用袋(如根茎菜类等)或筐(如叶菜类等)装好后,用车或人工慢慢地将菜倒入池里。入池时必须做到一层菜一层盐(即"层菜层盐");根茎菜类下层用盐约 30%,上层用盐约 60%,封面用盐约 10%;叶菜类下层用盐约 40%,上层用盐约 50%,封面用盐约 10%。操作时要轻起轻放,避免碰伤蔬菜。也有直接将车中(带卸货装置)的菜(如量大时的青菜)分批次叉入池

内的。无论哪种入池方式，都必须做到层菜层盐，轻起轻放。盐渍池容量大小不等，小的有5～40 t，大的有100～150 t，以40～100 t的居多。

3. 封池

新鲜蔬菜原料装满盐渍池后，在盐渍池表面加入一定量的盐（面盐），用石块压后，用水封或沙封等方式对盐渍池进行密封，在室温下发酵。传统方法是待蔬菜中的盐溶解、卤水渗出后，在蔬菜表面盖上薄膜或竹篾板，加压重物（一般为石头），使原料浸没在盐水中，达到密封的目的。但这种方法存在明显的缺陷：在长时间的盐渍发酵过程中，盐渍水长期接触空气等外界环境，表面容易生长各种好氧微生物，包括酵母、霉菌等，产生白色的悬浮膜。这些膜短时间虽不会产生破坏性影响，但如任其自由生长，则会对盐渍蔬菜品质产生影响，某些微生物的代谢产物甚至会影响到食品安全。传统处理方法是利用专门制作的浮膜打捞设备——浮膜打捞网人工打捞浮膜。

用浮膜打捞设备将肉眼可见的浮膜打捞后，肉眼不可见的微生物依然存在于盐渍水中，一段时间后残留的微生物迅速生长，重新长成浮膜。因此，采用人工打捞浮膜的方式可短时间内（1～2 d）除去盐渍水表面的浮膜，但无法从根本上解决问题。而且，采用人工打捞的方式，费时、费力、费人工，也无法保证蔬菜原料在盐渍发酵过程中的卫生安全。

长期调查研究发现，泡菜盐渍水表面的浮膜是由微生物的个体细胞组成的。这些产膜微生物大多是好氧型和兼性厌氧型微生物，浮膜生长前期主要由酵母构成，后期主要由霉菌等构成。根据大多数产膜微生物生长繁殖需要氧气的特点，采用沙封和水封两种隔氧防膜法对泡菜进行盐渍发酵，可有效避免浮膜产生。

4. 发酵（盐渍）

为提高泡菜产品质量，有的蔬菜在发酵（即盐渍）时采取“分段盐渍”，即总的用盐量一定，将食盐分2～3次加入蔬菜之中。目前，大多数企业采用2次发酵工艺，第1次泡渍时盐度为3%～6%，发酵10～15 d完成第1次发酵后，进行翻池、加盐，盐度为8%～10%，进行第2次盐渍。第2次盐渍盐度在8%以上可达到长期保存的目的，10%的盐度则可贮存1年。例如，萝卜第2次用盐盐度为5%，盐渍10～15 d，之后再加盐，盐度达7%，继续盐渍到蔬菜熟透。分段盐渍之间进行“翻池”处理，还能有效地提高盐渍池的空间利用率。

用盐量根据季节（气温）、蔬菜品种、贮藏时间和生产（销售）需要而定。若在冬季，用盐量可适当减少。例如，青菜一般是2～3月收菜，属冬季或初春，气温较低，盐渍发酵时用盐量可减少（盐度小于10%），若要延长盐渍时间（如需要度过夏天的，即贮藏时间延长）则须增加用盐量（盐度大于12%）。若生产（销售）要求比较急，即使在夏天，用盐量也可较正常时适当降低。

蔬菜盐渍中食盐均匀一致十分关键。要使其均匀，有两个方法：一个是翻池，即将蔬菜从一个池移进另一个池，一般在盐渍后10～15 d开始翻池；另一个是采用泵将食盐水由池底向池面上循环抽水，使其均匀。

盐渍发酵是以乳酸发酵为主的厌氧发酵，盐渍管理至关重要。要保持盐渍车间的清洁，做到干净、卫生，同时要密闭发酵，保证盐水高出蔬菜 7～15 cm。注意随时检查盐水的情况。发酵过程中如遇到盐水上面出现白色或灰白色(有的是棕色和黑色)的霉花浮膜，可采取打捞方式去除。避免出现霉花浮膜的办法是提高食盐水浓度，或加入 1%～2%的高度白酒，或加入抑菌力强的香辛料，或这几种方法组合使用，同时必须保持盐渍车间的清洁卫生。

5. 清洗、整理、切分

盐渍发酵后的蔬菜，在其表面仍然可能有泥沙及杂物，所以需进一步清洗。清洗可在清水池中进行或在专用多级翻浪式清洗机中进行。此次清洗务必干净。有些泡菜可以一边清洗一边脱盐，例如青菜类产品。

清洗之后即进行整理，进一步去除根须、老皮(茎)、黄叶、黑斑或发霉变质蔬菜等。然后，根据需要用切菜机切分成丝(条)状、片状、丁状等半成品。不论切分成什么形状，切分总的要求是形状整齐，大小、厚薄基本均匀。这不仅是为了保证制品的外形美观，而且也是保证制品具有良好风味的重要条件。

目前，切分已多由切菜机代替了手工操作，这样做不仅效率大大提高，而且菜形美观、整齐。

6. 脱盐、脱水

整理、切分后的半成品即进入脱盐阶段。切分后很容易脱盐。脱盐方式有流水脱盐和机械脱盐。为节约用水和提高脱盐效率，现代泡菜生产一般采用机械脱盐。根据蔬菜的品种和含盐量决定脱盐时水的用量和脱盐时间。脱盐时水的用量一般为菜的 1～3 倍，根据脱盐的程度(或产品要求)决定其间换水次数和脱盐时间。例如，榨菜丝脱盐，在不锈钢脱盐池(1 t 装)中进行，装入待脱盐的榨菜丝 500～600 kg/次，加入清水 500～600 kg，然后鼓泡脱盐，其间换水两次，脱盐时间为 10～20 min(榨菜块需更长时间)。脱盐后。榨菜丝含盐量为 2%～3%。

脱盐之后随即脱水，一般采取压榨脱水和离心脱水等方式。压榨可采用压榨槽压榨和机械压榨。压榨槽是专业制作的不锈钢池(配有 1 t 重的不锈钢压块若干，根据需要使用)，使用时将待压榨菜品逐层整齐平放于压榨槽内，直至低于槽面 20～30 cm，根据需要加上 1 块(1 t/块)、2 块或多块不锈钢压块。一般情况下压 1 块的压榨时间要长一些，压 2 块的压榨时间相应要短一些。机械压榨分油压和水压(水压机产生的总压力较大，常用于锻造和冲压，油压适用于泡菜生产)。油压机有柱式和框架式两种(柱式有单柱、双柱、四柱式，框架式有卧式、立式)，一次处理量为 200～1 000 kg。机械压榨使用比较方便，可实现定压、定程，具备保压延时功能，工作压力、行程可在规定范围内按工艺要求调节，操作简便。

对脱水率要求不高的可采用离心脱水方式，也有的在压榨之前先用离心机进行离心脱水，然后压榨。

7. 调味

压榨(脱水)后的蔬菜要进行调味。根据市场需求,确定泡菜产品的不同口味,这就需要用调味料进行配料处理。此阶段十分关键,产品“好不好吃”“可不可口”,色泽“好不好”等,均决定于调味并直接影响到销路。

将压榨脱水后的蔬菜倒入拌料机中,再加事先定量称好的调味料或食品添加剂,然后充分混匀。配料拌料采用拌料机。拌料机有各种规格(100 kg/次、300 kg/次、500 kg/次),企业可根据需要选用。配料拌料必须均匀,若调味料或食品添加剂量少,可先在水中溶解后加入。

调味料有食用植物油、红油辣椒、辣椒粉、酱油、食醋、有机酸(乳酸、柠檬酸等)、白砂糖、味精(MSG)、呈味核苷酸二钠(I+G)、五香粉及香精等。

8. 包装

泡菜调味之后即可进行计量灌装,灌装包装常见的有瓶装和袋装,瓶装一般为玻璃,袋装一般为复合袋。

随着泡菜行业的发展壮大,机械包装逐渐取代了人工包装,大部分泡菜产品实现了连续自动称量灌装封口,具有自动化程度高、包装效率高、称量精确度比较稳定等特点。用机械定量装入袋或瓶中比较困难的产品,或对产品形态要求较高的产品,仍然采用手工灌装,然后用真空包装机封口。手工灌装采用的是一个锥形漏斗,把称好后的泡菜从漏斗里导入袋或瓶中然后封口。真空包装机有单室和双室、半自动和全自动之分。现代化泡菜生产加工应采用全不锈钢、大容积、大抽气量的双室半自动或连续式全自动真空包装机,以满足高效生产要求。

9. 杀菌

灌装包装之后要进行杀菌。泡菜产品一般采用巴氏杀菌,有的采用非热力杀菌或超高压杀菌,也有采用微波杀菌的。杀菌是泡菜现代化生产的又一关键环节。

目前多采用连续式常压巴氏杀菌工艺,杀菌温度、时间等参数根据包装产品的重量规格等来确定。

瓶装泡菜可直接观察到瓶内菜体的形态和色泽,方便消费者选择和购买。经高温高压杀菌后,产品风味无明显变化。

袋装泡菜质量轻、体积小,方便堆放,便于运输和携带,经巴氏杀菌后产品风味也无明显变化。

10. 冷却

杀菌之后立即进行冷水冷却。最好是急速冷却,之后去除袋或瓶表面的水分。

通常,杀菌和冷却由链条带动连续进行,生产效率高,操作简便。冷却之后袋或瓶表面有许多水分,不便于装箱,现代泡菜工业化生产加工多采用机械除去表面水分,瓶装一般用强力热风吹干,袋装一般用冷风抖动除水,效率高且使用方便。

11.贴签、检验

冷却除水之后进行贴签和必要的检查，检验合格的产品即是泡菜产品。

二、现代泡菜生产过程中使用的主要设备

现代泡菜生产过程中使用的主要设备包括清洗设备、切分设备、脱盐脱水设备、拌料设备、密封包装设备、杀菌冷却设备、整形除水设备、在线检测设备、打码设备、装卸设备、传输设备等。

任务一

清洗设备的使用与维护

一、鼓风式清洗机(多级翻浪式清洗机)

1.功能

鼓风式清洗机适用于青菜、雪菜、蒿菜等叶类盐渍蔬菜的清洗。原料通过鼓泡、冲浪、高压喷淋,经过多级清洗,重质杂物沉入箱底,轻质杂物过滤后提升排放,使原料得到彻底清洗。设备可针对不同的物料和清洗要求多级组合配套。由于利用空气进行搅拌,因而既可加速污物从原料上洗除,又能在急速的翻腾中保护原料的完整性。

2.结构及原理

鼓风式清洗机(图 1-1)主要由清洗槽、输送机、喷水装置、空气输送装置、支架、电动机、传动系统及张紧装置等组成。清洗槽内装有管道,管道上开有一定数目的小孔,管道中通入高压空气形成气泡,在空气对水的剧烈搅拌下,物料在水中不断地翻滚,黏附在物料表面的污染物被加速脱离下来。由于剧烈的翻滚是在水中进行的,因此物料不容易受到损伤。

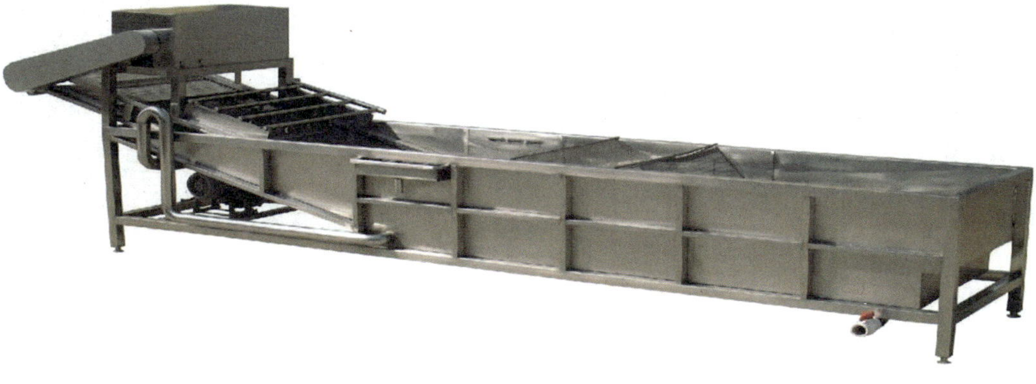

图 1-1　鼓风式清洗机

3.操作步骤与规范

(1)开启各自动清洗槽和手工清洗槽的水源阀门,向其中注入清水(图 1-2a)。

(2)依次开启清洗机控制箱的电源开关、输送带开关、气泵开关、内部循环泵开关和外部泵开关(图 1-2b)。

(3)将待清洗物料均匀放入清洗槽内,进入清洗流程。

(4)清洗完毕后,关闭控制箱的输送带开关、气泵开关、内部循环泵开关、电源开关和外部泵开关(图 1-2c)。

(5)打开清洗槽底部的阀门,排出其中的水,然后再用清水将机器清洗干净(图 1-2d)。

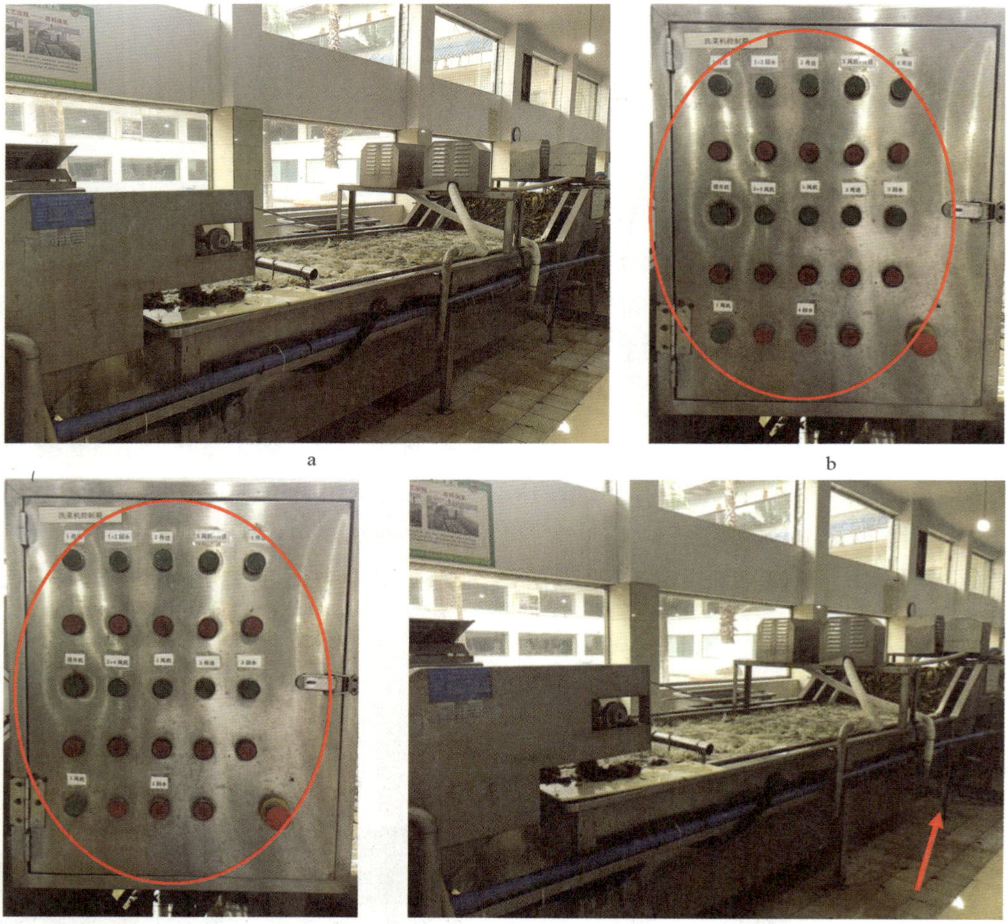

a　b　c　d

图 1-2　鼓风式清洗机操作步骤

4. 维护要点

(1)机器运行时应防止盐水溅到水泵上造成腐蚀和短路。

(2)进料时必须将物料摆放均匀,以防止过多的物料卡在末端的控制箱支架处或被缠入传动链条而导致输送带运行不正常。

(3)注意经常对清洗槽侧面的过滤板进行清理,以保证内部水的循环正常。

(4)定时对各组喷头进行检查,保证各喷头工作正常,防止堵塞而影响清洗效果,如发现有堵塞情况应立即清理。

(5)如发现水泵、输送带停止或运行不正常应立即关闭电源,待机修人员修理完毕后方可重新开机运行。

(6)机器运行时切勿将手放入清洗机的水槽和输送带中,确保人身安全。

5.安全注意事项

(1)操作过程中如遇电源故障或中断,应立即停机,并实施安全保护措施。

(2)操作人员不得随意调整机器运行参数。

(3)使用过程中若遇故障,应停止使用并立即报告车间主管领导;及时做好故障情况记录。除采取必要安全措施外,非专业人员禁止擅自拆卸。

(4)运行过程中如发现异常声音,立即停机检查转动系统。

(5)工作完毕应关闭水源、电源。

(6)工作结束后,使用人应及时恢复设备至待用的正常状态,并做好设备及所在场所的清洁工作。

二、全自动洗瓶机

1.功能

全自动洗瓶机是一种使用方便,经济适用的清洗烘干设备,可对多种玻璃瓶(细口瓶、广口瓶)进行清洗烘干。

2.结构及原理

全自动洗瓶机(图 1-3)是通过多次洗液浸泡和多次喷射,或者间隔地多次浸泡和喷射来获得满意的洗净效果。其外形多为箱式。瓶子一般经过预浸泡、多次洗液浸泡、洗液喷射、热水喷射、温水喷射、冷水及净水喷射等过程而被清洗干净。

图 1-3　全自动洗瓶机实物图

3.操作步骤与规范

(1)将待洗瓶平稳地放置在工作平台上(图 1-4a)。

(2)接通电源,插头要插按牢固,打开设备电源开关(图 1-4b)。

(3)打开洗瓶机的水源,设备上的水泵开关已经设置好,设备正常运转的情况下无须重新设置(图 1-4c)。

(4)打开主机上的“供瓶调节”按钮,将速度调至最大值(图 1-4d)。

(5)打开洗瓶机主机电源开关(图 1-4e)。

(6)打开“洗瓶调速”开关,选择 40～50 的速度。注意不得高于此速度,否则会引起机器故障或使瓶子的破损率升高(图 1-4f)。

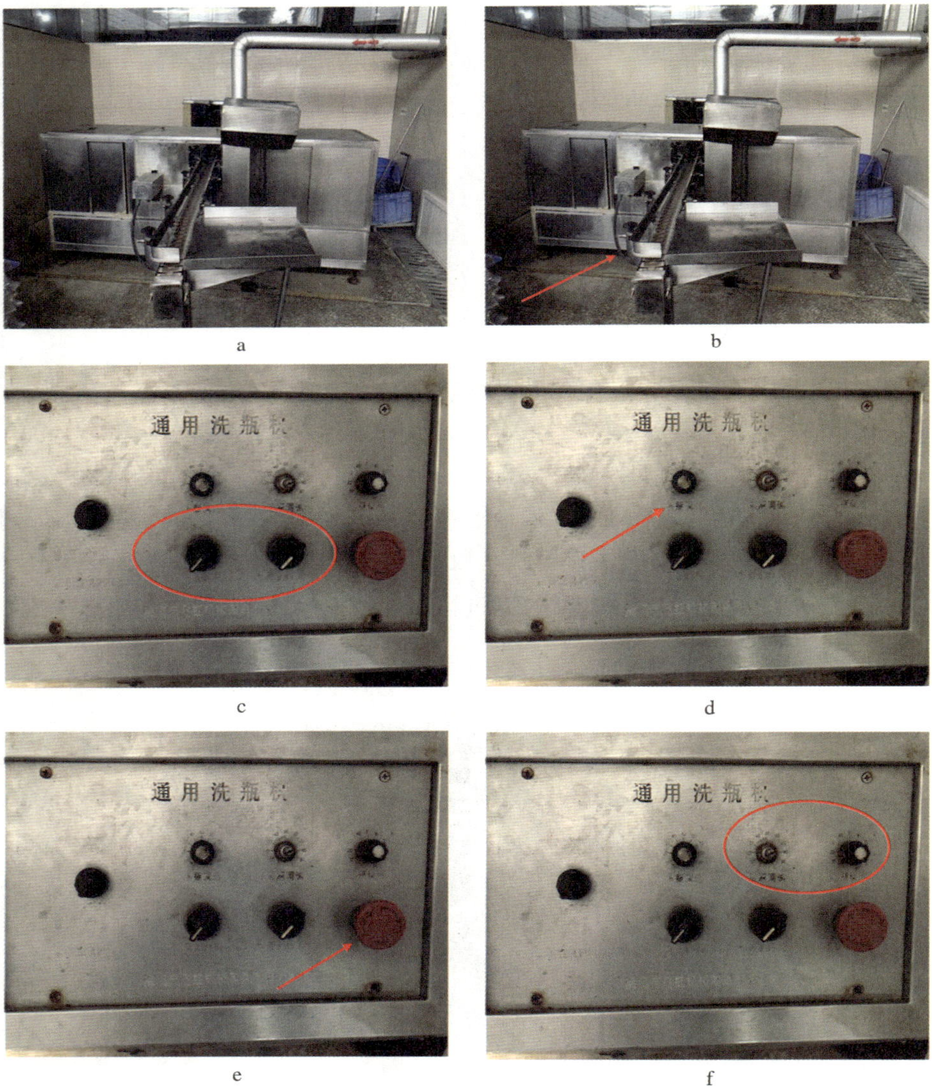

图 1-4　全自动洗瓶机操作步骤

(7)洗瓶完成后,先关掉电源开关,然后切断电源。

4.维护要点

(1)检查机器各部件动作是否协调同步。

(2)清洗排放箱里的过滤网,清洗干净后重新放置好。

(3)检查水压、气压是否正常,若不正常立即报告,及时维修。

(4)每天及时清扫机器周围的玻璃碎片、废标纸和杂物等,以防对设备造成损伤。

(5)定时检查各齿轮箱、轴承温度是否正常,如有异常要及时维护保养。

5.安全注意事项

(1)操作过程中如遇电源故障或中断,应立即停机,并实施安全保护措施。

(2)操作人员不得随意调整机器运行参数。

(3)使用过程中若遇故障,应停止使用并立即报告车间主管领导;及时做好故障情况记录;除采取必要安全措施外,非专业人员禁止擅自拆卸。

(4)运行过程中如发现异常声音,应立即停机检查转动系统。

(5)工作完毕,应关闭水、电源。

(6)工作结束后,使用人应及时恢复设备至待用的正常状态,并做好设备及所在场所的清洁工作。

任务二 切分设备的使用与维护

多功能切菜机

1. 功能

多功能切菜机适用于各种根、茎、叶类蔬菜和海带的加工，也是酱菜行业必不可少的设备。切菜机通过调换不同的刀具可以把瓜薯类蔬菜切成片、丝、丁等形状，也可以把细长类蔬菜（韭菜、豆角类）切成段，还可以把叶类蔬菜切成丝。菜的长短厚薄可调。

多功能切菜机采用旋转的刀盘切削，具有切面质量好、所切蔬菜长度误差小、切片厚薄均匀、切面组织新鲜、不破坏纤维组织的特点。三把刀高速旋转切削，可通过数字调节旋钮控制输送带的快慢，从而调节切段的长度。多功能切菜机体积小、耗电低、操作方便、卫生、安全、高效，是泡菜加工行业进行原料切分的理想设备。

2. 结构及原理

多功能切菜机主要由机架、输送机构、传动机构、切刀组件、去菜屑机构等组成。

切菜机工作时，块茎类蔬菜通过进料筒进料，并在规定的厚度中下落被托盘接住完成进料。然后电动机开动，通过传动系统将动力传到切削刀所在的工作轴上，带动切削刀旋转。与此同时，托盘跟刀片呈逆向旋转，这样也有利于切料。进料完成后等待切削刀旋转过来对其进行切片，切完片后菜片被表面带有凸点的旋转托盘甩落到出料筒内。出料筒底部是一个倾斜面，便于成片蔬菜从出料口排出，落到压辊上。压辊旋转运动，将片状蔬菜切成条状。成条蔬菜顺出料口排出。通过调节刀片与托盘的距离就可以调节蔬菜片的厚度。同时，当需要片状成品时，还可以将压辊拨开，片状蔬菜直接由出料口排出。由此达到一机多用的目的。图 2-1 所示为多功能切菜机外观，图 2-2 所示为多功能切菜机结构简图。

图 2-1　多功能切菜机

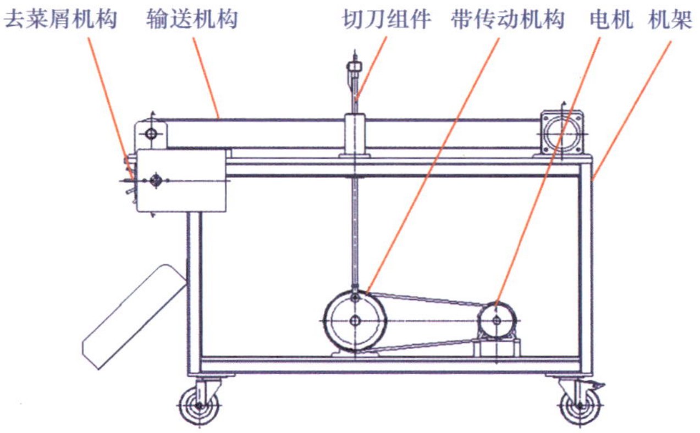

图 2-2 多功能切菜机结构简图

3. 操作步骤与规范

(1)打开主电源,旋转变频器调速旋钮至所需的速度(图 2-3a)。

(2)按启动按钮(图 2-3b),切菜机启动,开始进料。注意保证进料的均匀性。

(3)切料工作结束后,关闭主电源(图 2-3c),并清洗机器。

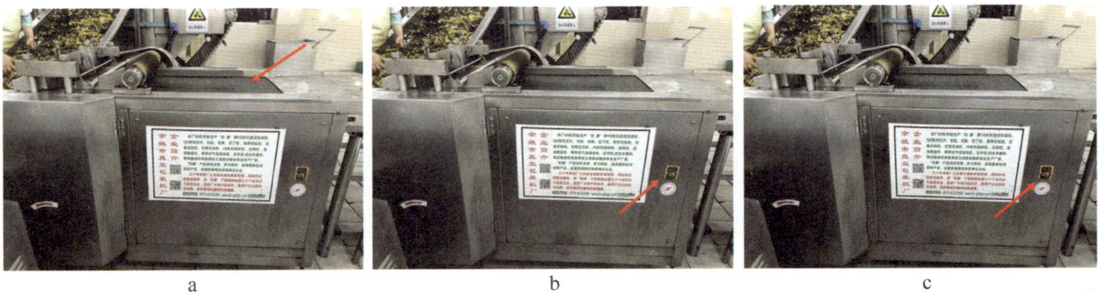

图 2-3 多功能切菜机操作步骤与规范

4. 维护要点

(1)各活动部位油孔每班加注机油一次,变速箱齿轮每季度更换一次齿轮油,滚动轴承每季度更换一次钙基润滑脂,链轮及齿轮每班加注机油适量,以不滴为宜。

(2)切菜时勿将异物混入菜中以免损坏机件,所切菜要清理掉泥渣食盐等,以免损坏刀具。用完后要清理剩菜并擦拭干净,保持清洁。

(3)使用时不要使开关和电机及电源线破损,以免受潮进水发生漏电;为保证安全,请在机器的接地标准部位连接地线。

(4)在工作过程中,如果发现输送带与压菜带之间发生松动,要及时调整张紧螺钉使其张紧,但应注意两边的松紧程度,不要让带发生跑偏现象。

(5)工作结束后,使用人应及时恢复设备至待用的正常状态,并做好设备及所在场所的清洁工作。

5.安全注意事项

(1)工作时切勿将手、物等伸入拨盘中或刀具下面,确保人身安全。

(2)操作过程中如遇电源故障或中断,应立即停机,并实施安全保护措施。

(3)操作人员不得随意调整机器运行参数。

(4)使用过程中若遇故障,应停止使用并立即报告车间主管领导;及时做好故障情况记录。除采取必要安全措施外,非专业人员禁止擅自拆卸。

(5)运行过程中如发现异常声音,应立即停机检查转动系统。

(6)工作完毕,应关闭电源。

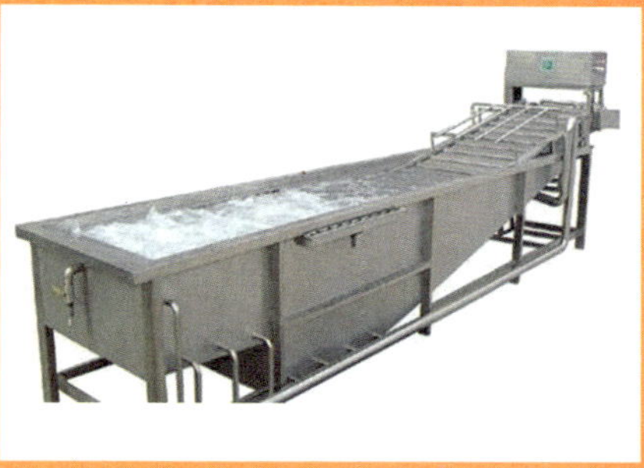

任务三

脱盐设备的使用与维护

鼓风式脱盐机

1.功能

鼓风式脱盐机广泛用于酱菜、海带丝、辣泡菜、咸萝卜、芥菜等的脱盐清洗。它通过气泡机产生鼓泡和出水处喷淋头高压冲洗，有效分离酱菜、酱腌菜、海带等物料上的盐渍，并经由提升滤网拦截。清洗过程喷淋和高压喷嘴持续供水，供水量可调，方便根据酱菜处理量及清洁程度进行灵活调节，并以热水为介质进行脱盐。

该设备设有气泡发生装置，可使物料呈翻滚状态，是泡菜清洗、脱盐的优选设备。在洗槽的上方有溢水口，漂浮物可以从溢流槽溢出，下方留有排污口，沉淀物可从排污口排出，从而达到清洗的目的。

2.结构及原理

鼓风式脱盐机(图 3-1)由机架、水箱、风机(水泵)、循环冲洗水泵、传动装置等几部分组成。工作时由于水中风力(压力)的存在，果蔬在水中剧烈翻滚搅动，清洗水经过滤后，由循环冲洗泵加压至进料口喷管回冲，喷管方向可调。物料被喷管喷出的高压水再次冲洗，并朝着出口方向漂移，出口处设置刮板提升机，刮板提升机的速度可调(调节刮板提升机速度到所需的生产能力)，将冲来的果蔬送至下道工序(可根据用户要求在出口刮板提升机上加喷淋管，进一步进行喷洗；也可根据用户不同的物料，装配不同的提升结构)。

图 3-1　鼓风式脱盐机

3.操作步骤与规范

(1)打开脱盐池的进水阀门向脱盐池注入清水，当水位将满时关闭水阀门(图 3-2a)。

(2)开启总电源，启动机器控制箱上的“主电机”按钮(图 3-2b)，此时脱盐滚筒开始运转。

(3)分别按动控制箱上的两个气泵按钮(图 3-2c)，左右气泵开始运转，脱盐池内水开始翻滚。

(4)调节控制箱上的速度调节旋钮，调节脱盐滚筒至适合的旋转速度(图 3-2d)。

(5)将高盐度的盐渍蔬菜放入脱盐机里，开始脱盐(图 3-2e)。

(6)脱盐完毕，关闭各控制开关及电源，打开清洗机循环水池和脱盐池底部的排水阀门，将清洗和脱盐后的污水排出(图 3-2f)。

(7)用清水将清洗机和脱盐机冲洗干净。

a

b

c

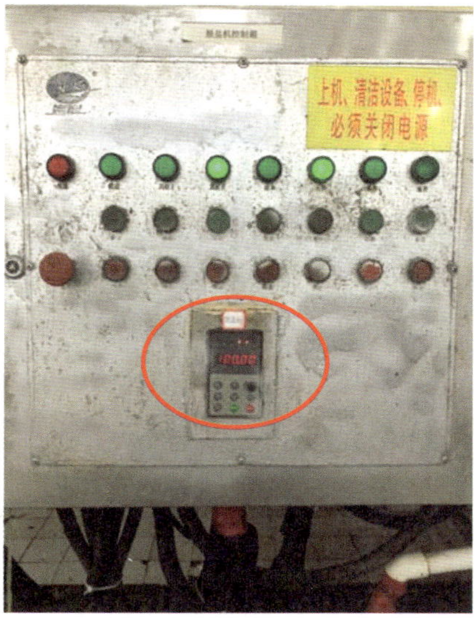

d

e

f

图 3-2 鼓风式脱盐机操作步骤

4. 维护要点

(1)机器工作过程中要做好各电动机的防水工作,避免盐水溅到上面造成短路或表面腐蚀。

(2)进料时须严格控制好进料量,防止超过机器的最大负荷而导致滚筒停止转动。

(3)经常检查滚筒的传动齿轮是否工作良好,如发现有松动或打滑的情况应及时停机并通知机修人员修理或更换零配件,以免对机器造成更大的损坏。

(4)工作结束后,使用人应及时恢复设备至待用的正常状态,并做好设备及所在场所的清洁工作。

5. 安全注意事项

(1)机器运行时,禁止用手接触各运转部件,以免产生危险。

(2)操作过程中如遇电源故障或中断,应立即停机,并实施安全保护措施。

(3)操作人员不得随意调整机器运行参数。

(4)使用过程中若遇故障,应停止使用并立即报告车间主管领导;及时做好故障情况记录。除采取必要安全措施外,非专业人员禁止擅自拆卸。

(5)运行过程中如发现异常声音,应立即停机检查转动系统。

(6)工作完毕,应关闭水、电源。

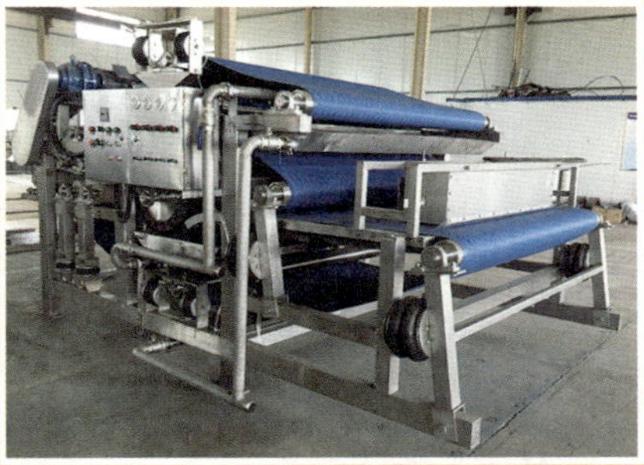

任务四
脱水设备的使用与维护

一、带式压榨机

1. 功能

带式压榨机采用整齐排列压榨辊的结构型式，能连续自动完成上料、压榨、滤网洗涤、卸渣等操作，原液与滤网洗涤液可以分段收集，具有压榨效率高、生产能力大、洗涤效果好、操作灵活、维护简单等优点，广泛应用于食品领域中。

2. 结构及原理

带式压榨机由不锈钢机架、料斗、压榨装置、驱动装置、滤带、滤带张紧装置、滤带纠偏系统、收集盘及排放管、电气控制系统等组成，全部使用 304 不锈钢及食品塑料材料。

带式压榨机（图 4-1）工作的原理是：内外两条环状滤带在驱动辊的带动下，由压料辊分布均匀。在下弯的楔形区内，按其各自回路运动，内外滤带绕过数根不等径的压榨辊，大量水分被缓缓地压出，形成可压榨的滤饼。在压榨区内，一个带"L"形压条的压榨辊将水分压出，并保证水分从两边压出。以后的压辊直径递减，滤带呈"S"形，产生表面压力增大的剪切力。在滤带张力作用下，外层滤带对物料产生压力，将物料中的汁液榨出。随着榨辊直径逐渐减小，滤带间物料所受压力逐渐增加，汁液不断排出。为了保证良好的脱水效果，物料再绕过驱动辊，在最后两级榨辊下由二级压力不同的压榨辊对滤带自动加压，进一步将物料中的水排出，提高脱水率。

3. 操作步骤与规范

（1）检查电源是否有电；打开电源开关查看电柜各指示灯有无故障（图 4-2a）。

（2）检查各急停开关是否在运行位置，检查压缩空气压力是否正常（图 4-2b）。

（3）检查输送带上有无异物，查看压榨带是否偏离，查看上下带正带控制系统是否在正常位置（图 4-2c）。

（4）在运行时调整带速，运行时若压缩空气压力过低，要调整使之处于 400～500 kPa（图 4-2d）。

（5）随时关注整个系统运行情况，特别是料的进出情况和压榨带的运行情况。

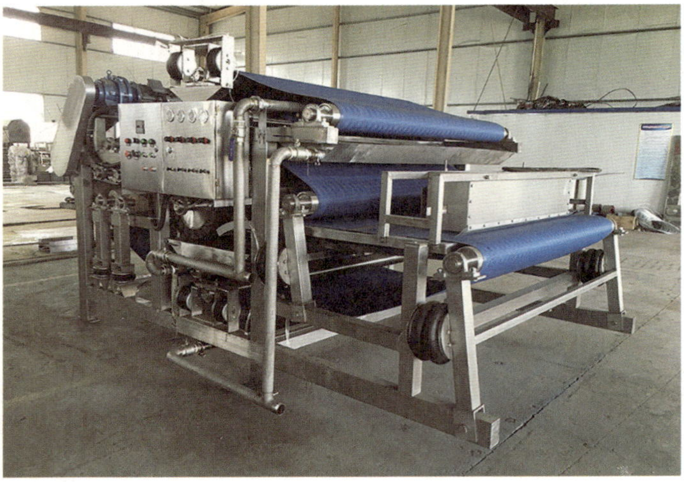

图 4-1　带式压榨机

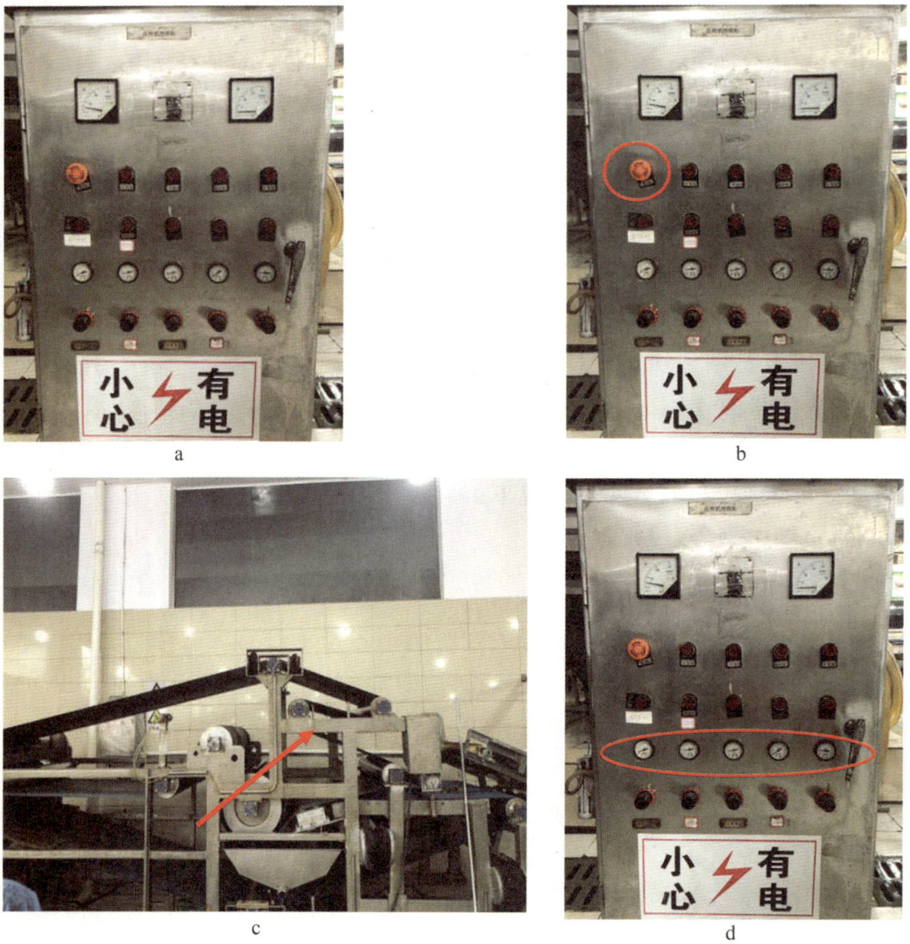

图 4-2　带式压榨机操作步骤

4. 维护要点

(1)设备轴承每周加油1～2次，每个轴承都加到位。

(2)班后要对刮板进行彻底清洗，每周拆下接水槽进行彻底清洗。

(3)在压榨中要注意不要把水溅到电机或配电箱上。

(4)非设备操作人员严禁对设备进行操作；操作工必须执行所有的操作和维护规章。

5. 安全注意事项

(1)操作过程中如遇电源故障或中断，应立即停机，并实施安全保护措施。

(2)使用过程中若遇故障，应停止使用并立即报告车间主管领导；及时做好故障情况记录。除采取必要安全措施外，非专业人员禁止擅自拆卸。

(3)运行过程中如发现异常声音，应立即停机检查转动系统。

(4)工作完毕，应关闭电源。

(5)工作结束后，使用人应及时恢复设备至待用的正常状态，并做好设备及所在场所的清洁工作。

二、液压压榨机

1. 功能

液压压榨机采用液压榨取方法，脱去蔬菜水果等原材料的水分，是进行压榨脱水的主要设备。设备操作简单，坚固耐用，维修方便，压榨力大，生产效率高。压料盘的基座采用特殊超平工艺，保证压料板下压时的连续、稳定，保证物料脱水的均匀。料筐采用一次性成型工艺加工，内表面精细化抛光，易于清洗，可消除卫生死角，也可确保不损坏物料组织结构、出料干净。

2. 结构及原理

液压压榨机(图4-3)主要由机架、油缸、压力油泵、压盖、电机、油箱、桶等组合而成。底座、压盖及料桶使用304不锈钢。

压榨桶的底面上设有漏水口，内部设有压板，上面设有压盖，内设用于带动压板上下的螺杆，螺杆上设有用于调节螺杆上下的螺母，螺母位于盖板的上面。压榨桶的桶壁上设有凸块，凸块的下方设有用于支撑压榨桶的支撑柱，通过螺栓调节螺杆带动压板的上下运动，达到脱水效果。

图4-3 液压压榨机

3. 操作步骤与规范

（1）使用前先用清水将压盖和压榨区域四壁冲洗干净，以防止待压榨半成品受到接触污染（图 4-4a）。

（2）将袋装半成品整齐地摆放在压榨区域，然后关上一侧的门并将锁扣锁紧（图 4-4b）。

（3）开启电源开关，然后控制操纵杆使上面的压榨板缓慢下压（图 4-4c）。

（4）待压榨板下压到所需要的程度时，拉回操纵杆停止压榨（图 4-4d）。

（5）压榨完毕后升起压榨板并关闭电源（图 4-4e），打开压榨区侧门锁扣并取出半成品。

（6）用清水将压榨机的不锈钢区域冲洗干净。

图 4-4　液压压榨机操作步骤

4. 维护要点

（1）选用合适的液压油，不能混合使用不同种类液压油。

（2）合理调节各压力阀和各流量阀，调定后将调节螺钉紧固牢靠。

(3)液压系统温度不能超过设计要求,一般为 35～60 ℃。若温度过高,应查找原因;当油温超出设计要求的温度范围时,要有必要的升、降温措施。

(4)电源电压须稳定,其波动值不超过额定电压的 15%。

(5)不能在无压力表情况下调压;压力表损坏后要及时更换。

(6)使用 46 号液压油。第一次更换须在装机使用后 3 个月,正常情况下每年必须更换一次(或每工作 1 500 h 左右),遇特殊污染状况应立即更换。在更换液压油时必须检查滤油网和过滤器,查看是否有堵塞或破损。

5.安全注意事项

(1)操作过程中如遇电源故障或中断,应立即停机,并实施安全保护措施。

(2)操作人员不得随意调整机器运行参数。

(3)使用过程中若遇故障,应停止使用并立即报告车间主管领导;及时做好故障情况记录。除采取必要安全措施外,非专业人员禁止擅自拆卸。

(4)运行过程中如发现异常声音,应立即停机检查转动系统。

(5)工作完毕,应关闭电源。

(6)工作结束后,使用人应及时恢复设备至待用的正常状态,并做好设备及所在场所的清洁工作。

任务五

混合拌料设备的使用与维护

食品在加工过程中，常常需要对原料进行混合和搅拌。混合拌料机按混合拌料容器是否可旋转分为旋转容器式和固定容器式。

一、旋转容器式混合拌料机

1. 特点和功能

容器本身旋转，使容器内的物料产生翻滚从而达到混合的目的，适于混合具有相近物理性质的粉粒体物料。

2. 结构及原理

旋转容器式混合机通常由旋转容器及驱动转轴、机架、减速传动机构和电机等组成。这种混合机最主要的构件是容器，它的形状决定了混合的效果。容器内表面一般要求光滑平整，这样可避免或减少容器壁对物料的吸附、摩擦及流动的影响。容器应根据食品机械的特点采用无毒、耐腐蚀材料制造，使用较为普遍的材料是镍铬 18-8 型不锈钢薄板。旋转容器式混合机是以扩散混合为主的混合机械设备，其工作原理是通过混合容器的旋转运动，使被混物料在其内部上下翻滚，不断进行扩散，从而达到混合的目的。如图 5-1 所示为旋转容器式混合机。

图 5-1　旋转容器式混合机

3. 操作步骤与规范

(1)检查电源线路是否完好,电源箱线路接头是否完好,是否有裸露现象,接地线是否完好无损。

(2)检查所放位置是否平稳,设备是否有晃动现象;注意所放位置不得阻塞安全通道。

(3)打开混料机投料口,按工艺控制要求向 V 形料斗内投入规定量的物料。

(4)投料完毕,关闭投料口并锁紧,以防止混料时物料流出。

(5)接通电源按钮,打开混合启动按钮,设备开始进行搅拌。

(6)混料到达工艺规定的时间后,即进行停机。停机时应使混料机放料口正对地面,并切断电源。

(7)打开 V 形混合机投料口,用规定的容器在放料口进行装料,直至放尽料斗内物料

4. 维护要点

(1)使用前先检查各紧固件是否有松动,电气是否正常,机械是否运转正常,如有异常,先进行整修和调试。

(2)将加料口转至朝上,打开加料盖进行加料。注意加料量不可超过规定容积,然后关紧加料盖,开动机器。运转过程中如发现异常,必须停机检查。

(3)若更换物料品种,必须将料斗内、外冲洗干净。

5. 安全注意事项

(1)操作过程中如遇电源故障或中断,应立即停机,并实施安全保护措施。

(2)使用过程中若遇故障,应停止使用并立即报告车间主管领导;及时做好故障情况记录。除采取必要安全措施外,非专业人员禁止擅自拆卸。

(3)工作完毕,应关闭水、电、气源。另有特殊规定者除外。

(4)工作结束后,使用人应及时恢复设备至待用的正常状态,并做好设备及所在场所的清洁工作。

二、固定容器式混合拌料机

1. 特点和功能

容器固定,内部设有回转的搅拌桨叶或绞龙螺旋,强制性地分散、切断物料。物料在容器内有确定的流动方向,属于对流混合。适用于物料的性质差别较大及混合比较大、混合精度要求高的场合。由于容器固定,因此物料进出方便。有些类型的固定容器式混合机可以实现连续操作。

2. 结构及原理

固定容器式混合拌料机分为螺带式混合机、垂直螺旋混合机、行星运动螺旋式混合机、瞬间连续混合机 4 种。

(1)螺带式混合机

搅拌容器内装有薄而细长的带状螺旋桨叶,靠桨叶的回转来完成对物料的混合操作。

此类混合机的型式较多,根据螺带的数目可分为单螺带混合机和多螺带混合机,根据螺带的安装位置可分为卧式螺带式混合机、立式螺带式混合机和倾斜式螺带混合机。图5-2所示为立式螺带式混合机结构图,图5-3所示为卧式螺带式混合机结构图。

图 5-2　立式螺带式混合机

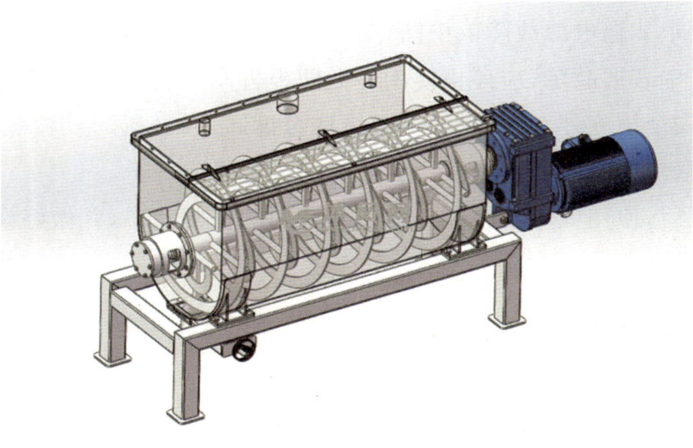

图 5-3　卧式螺带式混合机结构图

(2)垂直螺旋混合机

结构容器为立式,容器中央设有螺旋状的驱动轴(垂直螺杆),轴的四周是一个套筒,容器上部设有一块由驱动轴带动的甩料板。垂直螺旋混合机结构如图5-4所示。

工作过程:工作时,螺旋状驱动轴将物料从套筒底部提升至上部,在甩料板的旋转作用下被抛至料筒内并慢慢落下,至底部后又被螺旋状驱动轴提升。如此循环往复,直至混合到预定程度后,由出料口排出。

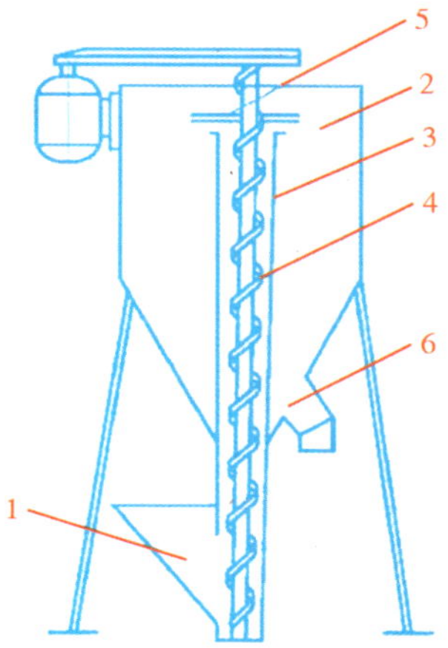

1.料斗 2.料筒 3.内套筒 4.垂直螺杆 5.甩料板 6.出料口

图 5-4 垂直螺旋混合机结构图

(3)行星运动螺旋式混合机

行星运动螺旋式混合机又称行星搅龙式混合机，如图 5-5 所示。它由混合室、行星搅龙和传动系统等组成。行星运动螺旋式混合机的混合室呈圆锥形，这样设计有利于物料下滑。混合室内的螺旋搅拌器的轴线平行于混合室壁面。当驱动轴转动时，螺旋搅拌器除自转外，还被摇臂带着公转。该型混合机在食品工业中应用广泛，如奶粉、小麦粉、砂糖、咖喱粉等的混合均可使用。某些食品物料在混合操作中需要加热或冷却时，可在混合容器上设水套。

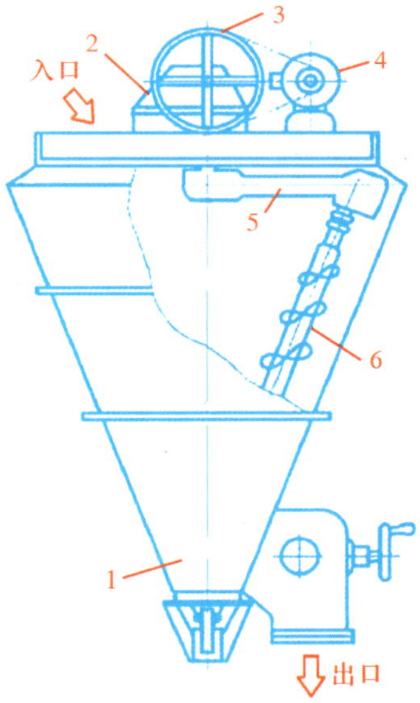

1.圆锥体 2.减速器 3.带轮 4.电动机 5.摇臂 6.混合绞龙

图 5-5 行星运动螺旋式混合机结构图

(4)瞬间连续混合机

工作原理：驱动轴带动 C、D 两个圆盘做高速旋转运动，被混合的粉料食品 B 和 A 分别从中心加料口和环形加料口进入混合室，并分别落在 C 盘和 D 盘上，在离心力的作用下被甩向四周的导流挡板 E，挡板将两种物料引至出口处混合后排出。瞬间连续混合机结构如图 5-6 所示。

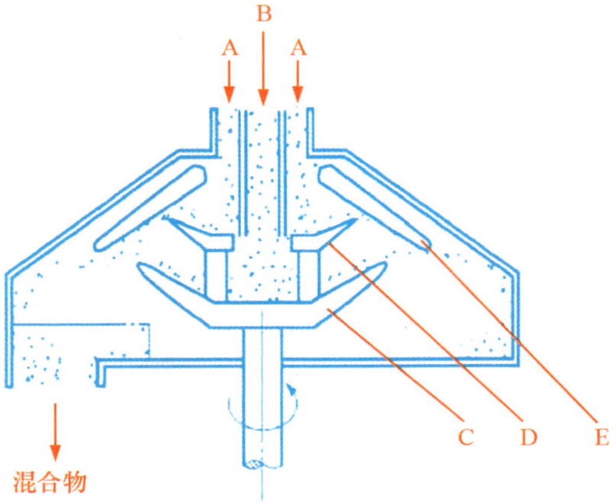

图 5-6　瞬间连续混合机结构图

3. 操作步骤与规范

(1)检查机器各系统各部件是否完好。

(2)对供料系统和计量机进行清洁工作，用 75%的酒精进行消毒。

(3)打开控制箱门，接通总电源开机试热。

(4)将需要搅拌的物料放在物料斗中。

(5)点击控制面板上的“上料启动”按钮。

(6)待物料完全进入混合室后，依次点击“上料停止”“混合启动”，设备开始进行搅拌。

(7)确保物料搅拌均匀后点击“出料启动”。出料时需同时打开“混合启动”按钮。物料通过管道进入物料桶内备用，出料时设备的转速已默认设置，无须修改参数。

(8)打开送料开关，物料通过管道直接进入相应灌装机的料斗中。

(9)关闭电源开关。

4. 维护要点

(1)对搅拌机进行定期自检，比如涡轮、涡杆、轴承等部分的灵活度与磨损情况，发现问题及时汇报修复，切勿强行使用。

(2)搅拌机使用时要保持环境清洁干燥，禁止用水和其他液体清洗电气单元。

(3)使用完毕后，应对料桶进行清洁，清理桶内剩余物料，方便下次使用。

(4)如需长时间停用，应对机器进行彻底清洁，并给设备重要部件、重要部位擦拭防锈油,用布蓬罩好,做好防尘防锈工作。

5.安全注意事项

(1)操作过程中如遇电源故障或中断,应立即停机,并实施安全保护措施。

(2)操作人员不得随意调整机器运行参数。

(3)使用过程中若遇故障,应停止使用并立即报告车间主管领导;及时做好故障情况记录。除采取必要安全措施外,非专业人员禁止擅自拆卸。

(4)工作完毕,应关闭电源。

(5)工作结束后,使用人应及时恢复设备至待用的正常状态,并做好设备及所在场所的清洁工作。

(6)生产过程中粉尘较严重,员工在生产过程中必须戴好口罩,以免吸入而对呼吸道造成伤害。

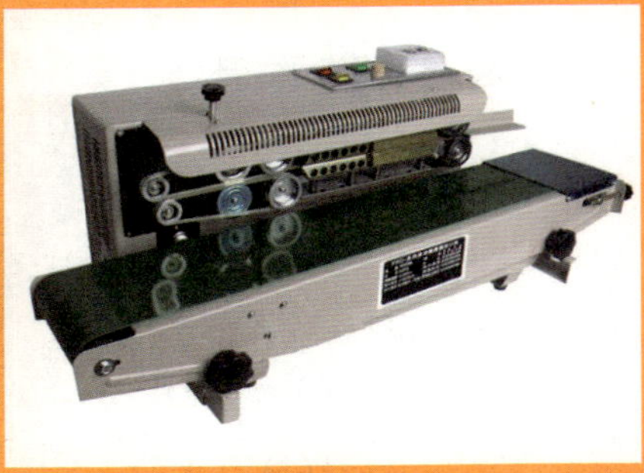

任务六

封口包装设备的使用与维护

一、自动封口机(卧式)

1. 功能

自动封口机分为自动塑料袋(塑料薄膜)封口机、自动墨轮封口机和自动铝箔封口机三大类。塑料袋封口机分为薄膜连续封口机、塑料薄膜封口机和塑料软管封口机;墨轮封口机分为卧式墨轮封口机、多功能墨轮封口机和落地式墨轮封口机;铝箔封口机分为电磁感应铝箔封口机、数控式铝箔封口机和手持式铝箔封口机。

泡菜企业运用最多的是塑料袋封口机,它具有立卧两用封口之功能,适用于所有塑料薄膜的封口及制袋,是食品厂等单位的理想封口设备,可连续运转,还可根据用户需要打出日期、批号等,适用于流水线作业。

2. 结构及原理

自动封口机(卧式)由机架、减速调速传动机构、加热散热机构、输送装置及电器电子控制系统等部件组成,适用于小包装的封口。采用电子恒温控制和无级调速的传动机构,可以自动连续封合多种材料的塑料薄膜。企业根据需要还可以配置压痕印字轮及计数装置自动封口机(卧式),由电子恒温控制系统和自动运输装置组成,可控制各种不同形状的塑料薄膜带,能在各种包装流水线上配套使用,其封口长度不受限制,可配压花轮和印字轮及计数装置。当装有物品的包装放置在输送带上时,带的封口部分被自动送入运转中的两根口带之间,并带入加热区,加热块的热量通过封口带传输到带的封口部分,使薄膜受热熔软,再通过冷却区,使薄膜表面温度适当下降,然后经过压花轮或印字轮滚压,其封口部分上下塑料薄膜黏合并压制出网状花纹(或印制标准),再由向导橡胶带与输送带将封装好的包装袋送出机外,完成封口作业。图 6-1 所示为自动封口机(卧式)外观,图 6-2 所示为自动封口机(卧式)结构说明图。

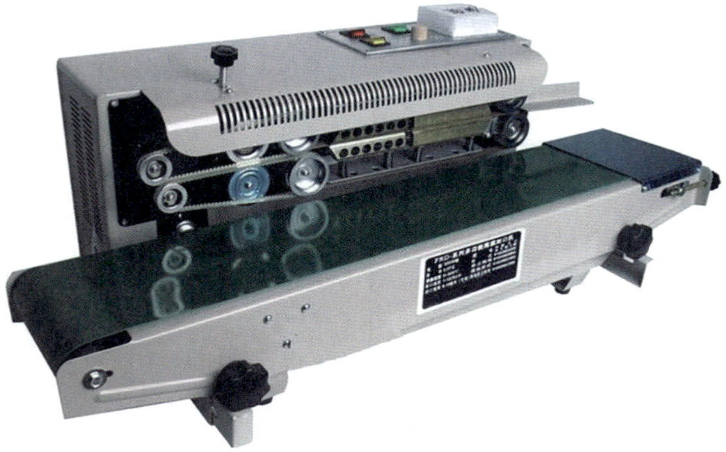

图 6-1 自动封口机(卧式)外观

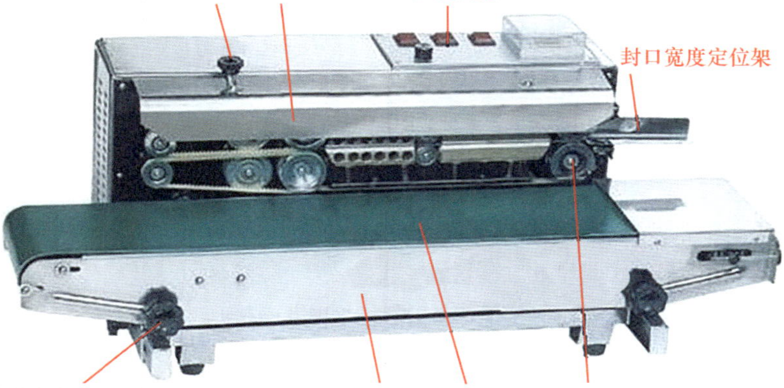

图 6-2 自动封口机(卧式)结构说明图

3.操作步骤与规范

(1)将电源开关拨至“开”位置。电源指示灯亮,同时各带轮同步运转。

(2)将速度调节旋钮缓慢地向右旋,从零位向较高速度调节至所需速度。

(3)将封口机面板上的热封开关拨至“热封”位置,调节温控仪至所需温度。

(4)温控仪红灯亮表示已达到所需的调节温度,此时可用预定的包装袋进行试封,并适当调整温度和速度及滚花轮和印字轮的压力,使之达到理想的封口质量,之后即可进行连续封口作业。

(5)普通聚乙烯等单层薄膜封口操作时,须打开风机进行冷却。复合薄膜材料封口时选择的温度范围比单层薄膜高得多,一般不需开风机冷却。

(6)操作时,将包装袋封口并放平靠位,送入加热区,封口带咬合即可自动向前行进,此时不要任意推动或阻挡及拉出，否则会造成封口不匀。

(7)停机操作：为保护封口带使用寿命，停机前，应先将电子温度控制仪的温度设定旋钮退回到零位，打开风机，同时使封口机继续运转，待温度指针下降到 100 ℃以下时，方可关闭风机及电源开关。

4. 维护要点

(1)操作前必须熟悉封口机的调整使用方法。

(2)初次使用或使用间隔时间过长时，电热元件可能会受潮，应进行数分钟低温预热后方可进行正常操作。

(3)注意选择适当封口速度和封口温度，严格遵守停机操作规程，严禁封口带长时间静止在高温加热状态，以免烧毁封口带。

(4)初次试验时，温度应逐渐提高，以防止温度过高，使薄膜熔化粘在封口带上。如发现封口带或加热块黏附有脏物时，应停机清除。

(5)应将自动封口机放置在通风、干燥处，一般室温维持在 25 ℃左右。

(6)应定期除尘，不用时须拔掉电源，并将其遮盖，保持机器清洁。

(7)如果工作时间过长，关机前应将冷却开关打开。

(8)高温带应定期除污垢，及时更换，以保证封口质量。

(9)严重磨损零部件应及时更换，以延长整机寿命。

5. 安全注意事项

(1)操作过程中如遇电源故障或中断，应立即停机，并实施安全保护措施。

(2)操作人员不得随意调整机器运行参数。

(3)使用过程中若遇故障，应停止使用并立即报告车间主管领导；及时做好故障情况记录。除采取必要安全措施外，非专业人员禁止擅自拆卸。

(4)运行过程中如发现异常声音，立即停机检查转动系统。

(5)工作完毕，应关闭电源。

(6)工作结束后，使用人应及时恢复设备至待用的正常状态，并做好设备及所在场所的清洁工作。

二、真空包装机

1. 特点和功能

真空包装机可以将食品装入包装袋，抽出包装袋内的空气，达到预定真空度后，完成封口工序。在食品行业，真空封口机应用非常普遍，各种熟制品如鸡腿、火腿、香肠、烤鱼片、牛肉干等，腌制品如各种酱菜以及豆制品、果脯等需要保鲜的食品越来越多地采用真空包装。经过真空包装的食品保鲜期长，可大大延长食品的保质期。真空包装机机体小巧，占地面积小，适用于小批量生产和中量生产，可配合流水线作业。

2. 结构及原理

真空包装机(图 6-3)由真空系统、抽充气密封系统、热压封合系统、电器控制系统等组成,可以将包装袋内抽成低真空后当即自动封口,主要程序包括抽真空、封口、印字、冷却、排气等。由于袋内真空度高,残留空气极少,可抑制细菌等微生物的繁殖,避免了物品氧化、霉变和腐败;同时对某些松软的物品,经全自动真空包装机包装后,可缩小包装体积,便于运输和贮存。

图 6-3　真空包装机

3. 操作步骤与规范

(1)根据包装袋材料及被包装物品,选择最佳的抽空时间和最佳热封温度,调节热封时间电位器,以获得最佳真空度和最佳封口强度,以及清晰的封口外观。

(2)将所需包装物品装入包装容器放入工作室,提起压袋杆,均匀地把袋口置于下热压架上排好。如包装物太小够不着封口处,为保证包装质量最好用垫板将袋子垫高。

(3)开启面板上电源开关,电源指示灯亮,将上工作室盖在任一工作室上,观察两台电机运转方向与泵上箭头是否相符;若相反,先把电源插头二相位对调,再将工作室盖压下,进行自动包装封口程序,同时可在另一个工作室做好包装准备工作,以提高包装效率。

(4)包装工作结束后,把面板上的电源开关置于"关"的位置,并切断总电源。

4. 维护要点

(1)使用机器前必须熟悉设备调整和使用方法。

(2)按真空泵说明书规定,对真空泵定期保养、加油。

(3)经常检查热压架封口加热布有无脏物,有无破损,是否平整,以保证封口强度。

(4)经常检查机器的接地线是否接触良好,保证用电安全。

(5)包装前,选择热封温度及热封时间应从低往高调,不能在机器工作过程中调太长热封时间,以免烧坏加热布、胶木板或硅橡胶条。发现故障,应按"急停"按钮,将工作室及气囊里气放掉后,拉起工作室,然后关闭电源,检查原因,排除故障。

(6)更换上工作室密封圈或检修气囊时,先拆下前面二根连柄和后面工作室手柄及螺母(注意:①严禁拆除后面二根连杆与下工作室间的连接螺母。②每处拆下的零件要作记号)。此时可将上工作室拉出反转过来更换密封圈或检修气囊。安装回去时,须将原样记号装回,注意销钉要装上,前面二根左、右连杆不能互换气囊,否则工作室会高低不平衡。拆下来的垫圈不得多装或少装。

(7)包装物有过多水分、有油或为有温度的食物,会影响真空度,可根据泵通径大小在真空泵与工作室中间安装一只空气过滤器。

(8)工作结束后,使用人应及时恢复设备至待用的正常状态,并做好设备及所在场所的清洁工作。

5.安全注意事项

(1)操作过程中如遇电源故障或中断,应立即停机,并实施安全保护措施。

(2)操作人员不得随意调整机器运行参数。

(3)使用过程中若遇故障,应停止使用并立即报告车间主管领导;及时做好故障情况记录。除采取必要安全措施外,非专业人员禁止擅自拆卸。

(4)工作完毕,应关闭电源。

三、全自动计量真空包装一体机

1.特点和功能

全自动计量真空包装机能够使用机械手将真空包装袋自动取袋、自动撑开、自动打印生产日期及批号、自动上料、自动真空包装,完全实现无人操作和自动化包装,包装袋大小范围为长 100～260 mm,宽 60～200 mm,包装效率每小时 2 000～3 600 袋。可实现物料的灌装、入袋、真空包装步骤的连续式生产,形成完全机械自动化的生产线模式,实现了产品连续式生产的工艺要求,大大节约了人力、物力、财力,且工作效率高。

2.结构及原理

全自动计量真空包装一体机(图 6-4)由给料装置、称量装置、夹袋装置、包装输送装置、指示控制单元等组成,具有设定、零点自动跟踪、自动放料、自动复零、自动停止放料、称重、数字显示包装袋数和累计重量显示等功能。设备操作简单,工作稳定可靠,便于用户使用,可广泛应用于粮食加工等行业。

图 6-4 全自动计量真空包装一体机

3. 操作步骤与规范

(1)运转开始前

开机前须仔细检查机台和真空室是否清洁卫生，检查气压表气压是否充足(≥0.6 MPa)，确认所有的安全开关均可正常工作。

(2)运转开始步骤

①关闭包装机排水阀。

②确认第 1 与第 2 真空泵的油量与颜色。

③确认润滑泵的油量。

④启动空气压缩机与真空泵。

⑤向本机供给冷却水(3 L/min)。

⑥将本机的电源开关设为 ON(将控制箱内的漏电断路器开关设为 ON)。

⑦将控制开关设为 ON(开关的指示灯点亮)。

⑧按下复位开关(开关的指示灯熄灭)。

⑨将置袋板的间距调节为袋宽度(也可以同时调整给袋盘的间隔)。

⑩将袋摆放在袋箱中。

⑪设定爪幅(调节为袋宽度)。

a. 按下启动开关，在给袋抓取部分最接近装袋机爪侧的位置上，设为爪关闭状态(图 6-5a)。

b. 利用爪幅调整开关对准袋幅与爪的外侧(爪上有刻度)(图 6-5b)。

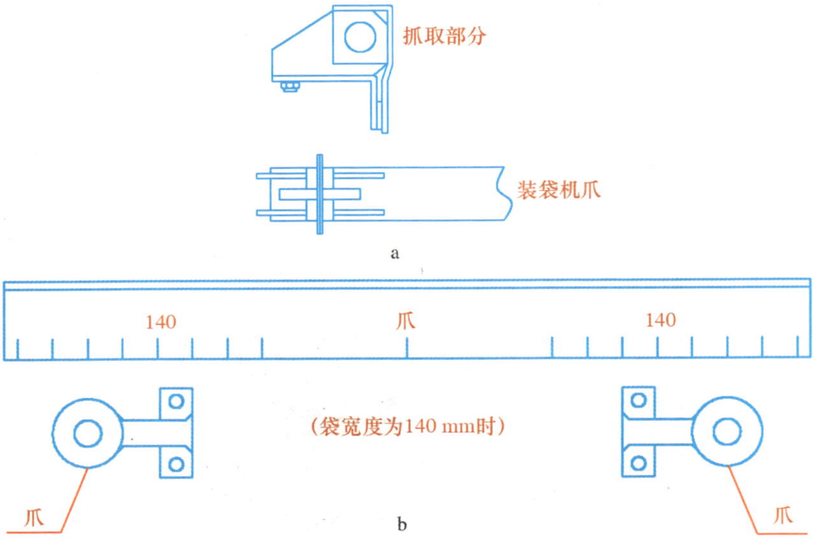

图 6-5　全自动计量真空包装机操作步骤

⑫安装适合袋幅的漏斗。

⑬按下点动开关，进行 2～3 个循环的动作，确认各部分的动作没有异常。

⑭打开真封口开关。根据产品，打开振动与日期打印等所需的开关。

⑮将运转开关设为 ON。

⚠ 注意　按下运转开关之前，请务必确认在机器上及机器周边是否有可能被卷入机器内部的物品或影响机器运转的物品。

⑯将控制箱与操作箱的给袋开关同时设为“开”，机器开始给袋并包装产品。

⑰确认已包装的产品，调整封口时间、真空度与速度等。如无问题，开始正式运转。

⚠ 注意　即使开始正式运转之后，也需随时确认被包装产品的状态(封口状态、真空状态、打印状态、重量是否正确、是否有异物混入等)。

根据需要获取管理记录并进行保存。

(3)运转结束与清扫步骤

⚠ 注意　不可在运转期间进行清扫。机器停止后，应通过点动操作，将机器移动到方便清扫的位置，然后在机器停止的状态下进行清扫。否则可能会导致受伤。

⚠ 注意　清扫本机时，请勿使用 50℃以上的热水或不适合本机的化学剂。否则可能会导致部件变质、变形或变色。

①关闭给袋开关。

②确认所有的产品已被搬出，然后按下循环停止开关，停止机器。

③关闭封口、日期打印与充液等开关。

④停止真空泵，打开开放用阀门。

⑤停止冷却水。

⑥以运转或点动方式运转机器，使真空室内向大气开放。

⑦拆卸充液装置各部分的固定夹具，用水或温水冲洗配管、软管、气缸与吸入口等。

⚠ 注意　水洗之后，用固定夹具把充液装置各部分都安装好。

⚠ 注意　对包装物与填充液体接触的位置进行充分冲洗与消毒，否则可能会导致产生不合格品。

⑧利用点动开关将机器移动到易于清扫的位置，然后在机器停止的状态下，清扫真空箱、开袋铲臂外罩（含内侧）、开袋铲装袋机爪与漏斗等。

⚠ 注意　不可向机架内部、电气部件、袋箱与日期装置等上面淋水。

⑨清扫机器顶面与搬出输送带等时，需将水擦净。

⑩清扫机器工作附近的地板，将水与油清洁干净，以防止滑倒。

⑪将控制开关与控制箱内的漏电断路器（主电源）设为“OFF”。

⑫对各部分进行检查与润滑。

⑬停止空气压缩机运转，进行排水。

⑭打开排水球阀（滑阀、第1真空阀与第2真空阀）。工作结束之后，务必打开排水阀，否则可能会导致真空控制开关产生误动作。

(4)包装袋与产品的变更步骤

①调整袋箱

a. 变更袋箱：转动袋箱右边的手柄，将置袋板侧板的间距调节为袋宽度。

b. 将袋子摆放在袋箱中。更换适用于袋尺寸的置袋板，然后将袋对齐并堆放在上面。放置时将置袋板开孔一侧朝向装袋机主轴侧。

c. 将袋箱开关置于“上升”位置。

②调整爪幅

在机器停止后，并且爪开/关装置没有夹着装袋机爪的辊时进行调整。

a. 利用爪幅调整开关对准袋宽度与爪的外侧尺寸。

b. 将给袋开关设为“开”，按下运转开关进行给袋（1～2张），确认正常抓袋。

③漏斗更换

a. 根据包装袋尺寸更换合适尺寸的漏斗。

b. 调整漏斗的位置与高度。

④打印日期时，调节位置(带有日期装置时)

调整打印位置的高度与方向。利用点动开关将袋移动到打印位置，然后按下日期打印手动开关(操作箱)，进行确认。

⑤液量设置，设置适合产品的液量(带有充液装置时)。

⑥确认产品的外观

确认产品的封口状态、真空度与重量等，调整封口时间、真空度、本机的速度与打印状态等。

(5)触屏操作的设定

①真空机配组合操作界面(以 MB6/8G 为例)

a. 接通主机电源，合上“电源开关”，打开“控制开关”。触摸屏显示界面(图 6-6)点击中间进入“菜单”。

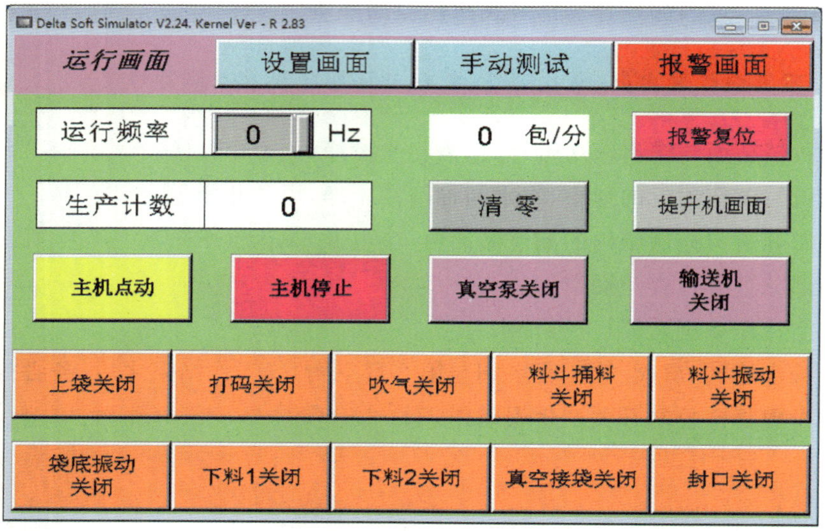

图 6-6 全自动计量真空包装机操作界面

■ “运行频率”窗口上显示的速度为实际生产速度，如要改变速度须在“运行频率”上改变主机频率，速度会随着频率大小而变化。

■ “生产计数”窗口显示为该机器累计实际生产数据。按“清零”会清除累计数。

■ 按住“主机点动”按键，主机会慢慢运行，松开按键则停止运行。

■ 按“主机启动”按键一次，启动主机运行，再按一次会停止运行。

■ 按“真空泵启动/关闭”按键一次，启动真空泵运行，再次点击按键，真空泵停止运行。

■ 按“输送机启动/关闭”按键一次，启动输送机，再次点击按键，输送机停止运行。

■ “报警查看”。机器发生故障时会自动报警，报警查看好以后要按报警复位返回到

“运行画面”。(注:需要将报警复位否则机器无法正常运行)

■ 可以选择“单机模式”或“联机模式”,正常生产一定要用“联机模式”。(注:在下班前清理物料和调试计量机)

■ 按“上袋开启/关闭”按键启动上袋,机器开始上袋工作,再次点击按键,机器上袋停止运行。

■ “打码开启/关闭”按键用来开/关打码。

■ “吹气开启/关闭”按键启动/关闭吹气,用于清理带口等功能。

■ “捅料开启/关闭”按键是用来减少下料时料未到达指定位置所设计的辅助功能。

■ “料斗振动”按键是用来增快下料速度与让黏性大的物料能顺利下料。

■ 按“袋底振动”启动振动功能,以使物料落实。

■ “下料 1 开启/关闭”按键控制下料 1 启动/关闭。

■ “下料 2 开启/关闭”按键控制下料 2 启动/关闭。

■ “真空接袋开启/关闭”按键控制真空接袋启动/关闭。

■ “封口开启/关闭”按键控制封口启动/关闭。

⚠ **注意** 启动主机前要开启所需的功能键(如取袋、开袋等)。

b. 首先选择“菜单”界面点击对话框中的“设置画面”弹出要求输入密码对话框,输入密码“＊＊＊＊”,然后按“确定”进入“设置”界面(图 6-7)。

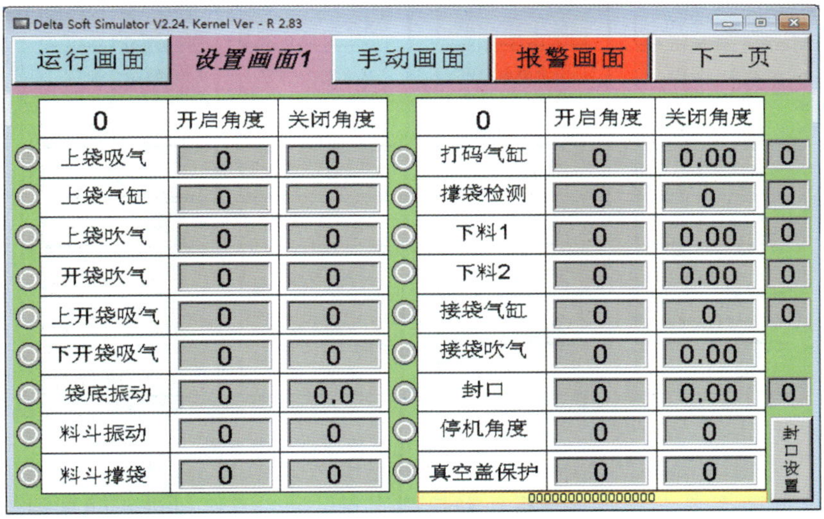

图 6-7 全自动计量真空包装机操作界面

c. 进入“设置画面”可以对上袋吸气、上袋气缸、上袋吹气、开袋吹气等各个执行部件的开启值和关闭值以及关闭时间进行设置。

d. 点击“下一页”可以对上袋检测、撑袋检测、下料 1 反馈等各个执行部件的开启与关闭进行设置(图 6-8);当设置完成后,点击"运行画面",则回到"菜单"界面。

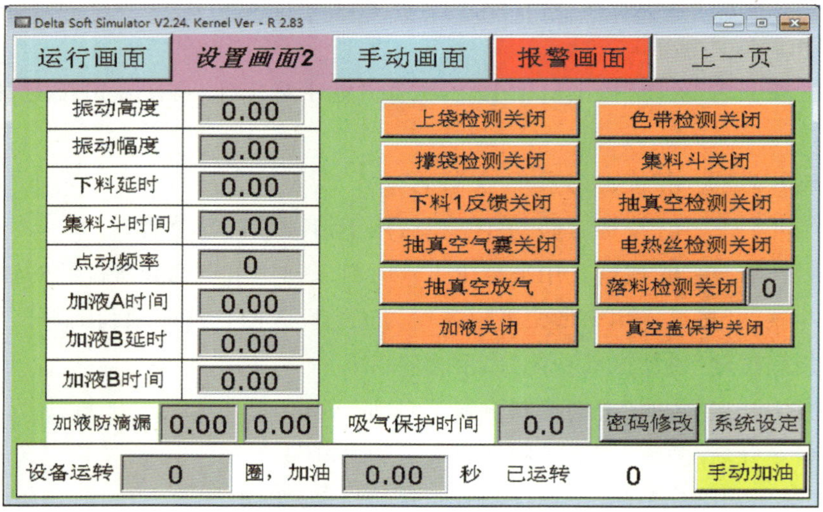

图 6-8　全自动计量真空包装机操作界面

e. 根据实际的生产要求进行真空机设置和功能选择(图 6-9),当设置完成后点击"运行画面"进入"菜单"界面。

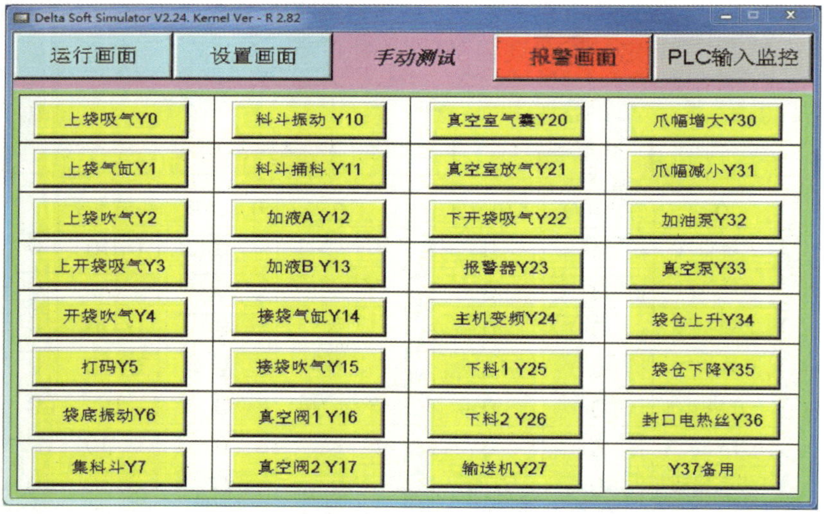

图 6-9　全自动计量真空包装机操作界面

f. 根据实际生产要求进行真空机手动控制的测试和对真空机进行问题检测,真空机检测根据上面所标的顺序进行测试。当设置完成后点击"运行画面"进入"菜单"界面。

g. 当机器发生故障时,选择"运行画面"界面,点击对话框中的"PLC 输入监控"键,进入真空包装机 PLC 监控界面检查故障,如图 6-10 所示。当检查完成后,点击"运行画面"进入"菜单"界面。

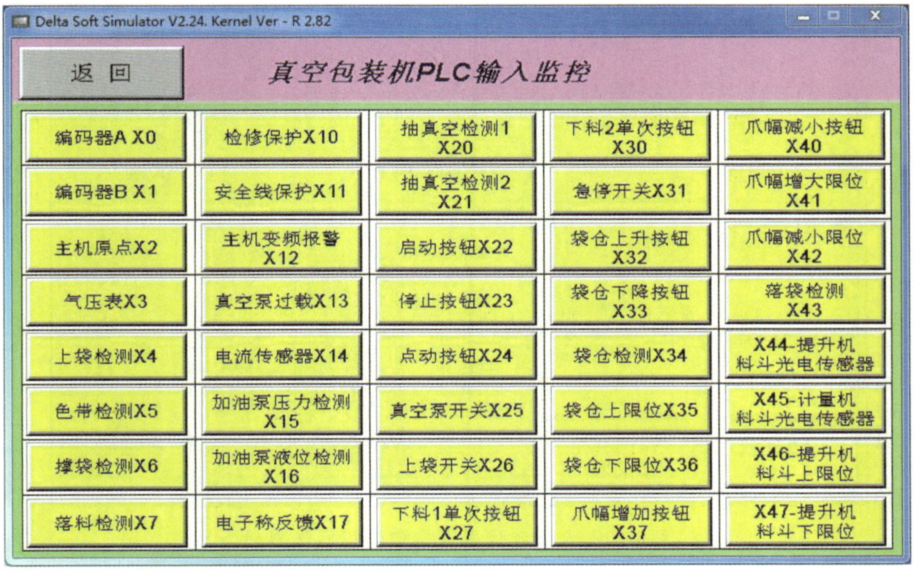

图 6-10 全自动计量真空包装机操作界面

h. 当机器发生故障时，点击“报警画面”，进入报警画面，如图 6-11 所示，检查故障和查看故障报警与报警复位。当检查完成后，点击“运行画面”进入“菜单”界面。

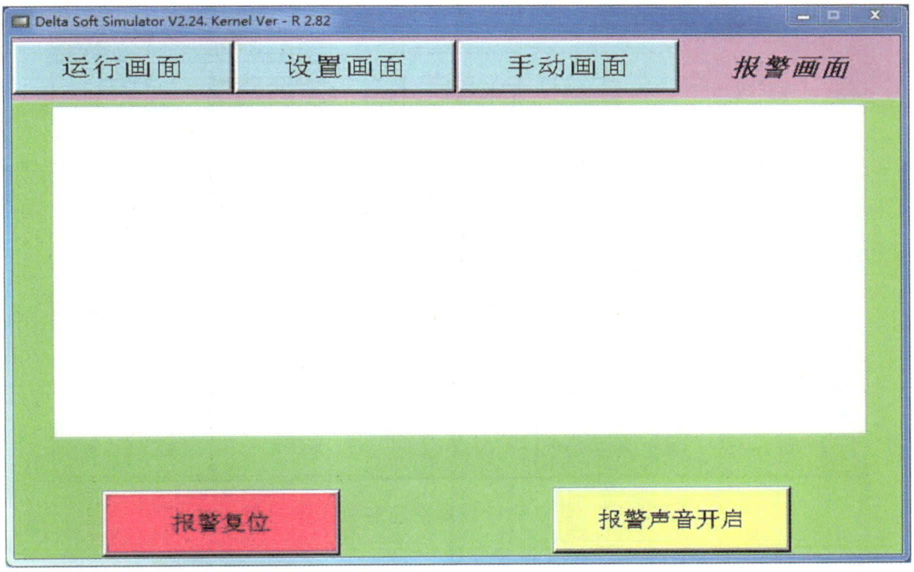

图 6-11 全自动计量真空包装机操作步骤

i. 点击“提升机控制”，进入提升机控制页面(图 6-12)，设置提升机工作时间、速度等，完成后点击“返回”，退回到主界面。

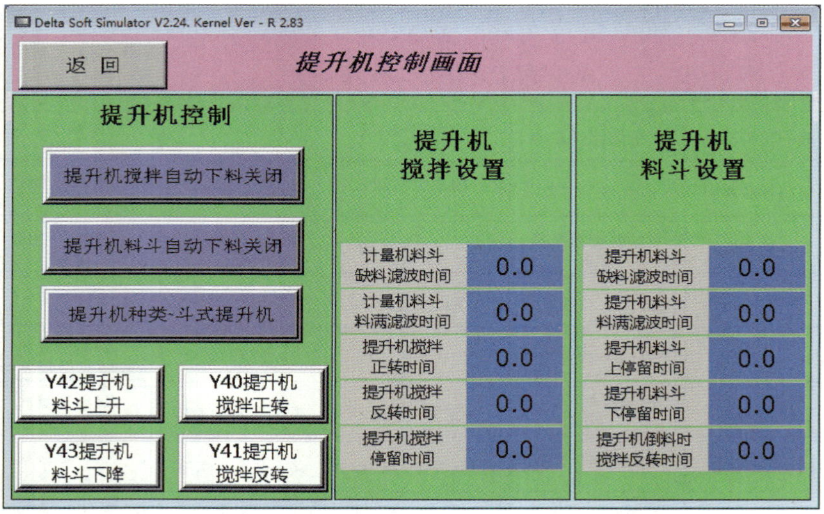

图 6-12　全自动计量真空包装机操作界面

②真空机配计量机操作界面

a. 接通主机电源，合上“电源开关”，打开“控制开关”。触摸屏显示点击进入“菜单”界面（图 6-13）。

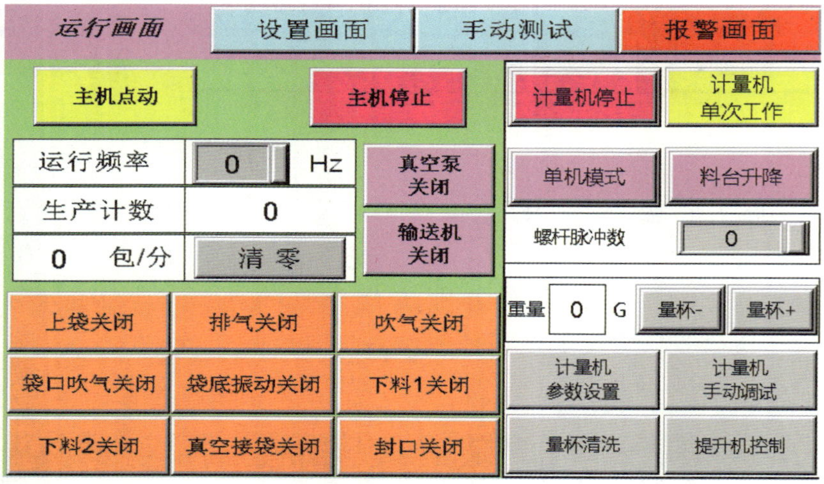

图 6-13　全自动计量真空包装机操作界面

■ “运行频率”窗口上显示的速度为实际生产速度，如要改变速度，须在“运行频率”上改变主机频率大小，速度会随之变化。

■ “生产计数”窗口显示为该机器累计实际生产数据。按“清零”会清除累计数。

■ 按住“主机点动”按键，主机会慢慢运行，松开按键则停止运行。

■ 按“主机启动”按键一次，启动主机运行，再按一次会停止运行。

■ 按“真空泵启动/关闭”按键一次，启动真空泵运行，再次点击按键，真空泵停止运行。

■ 按“输送机启动/关闭”按键一次，启动输送机，再次点击按键，输送机停止运行。

■ “报警查看”。机器发生故障时会自动报警，报警查看好以后要按报警复位返回到“运行画面”(注：需要将报警复位，否则机器无法正常运行)。

■ “单机模式”/“联机模式”可以选择“单机模式”或“联机模式”。正常生产一定要用“联机模式”(注：在下班前清理物料和调试计量机)。

■ 点击“料台升降”，料台会自动下降，同时会发出警报声“注意安全”。

■ 点击“上袋开启/关闭”按键，启动上袋，机器开始上袋工作，再次点击按键，机器上袋停止运行。

■ “排气开启/关闭”按键用来开/关排气。

■ “吹气开启/关闭”按键用来启动/关闭吹气，用于清理带口等。

■ “捅料开启/关闭”按键是用来减少下料时料未到达指定位置所设计的辅助功能。

■ “料斗振动”按键是用来增快下料速度，并让黏性大的物料能顺利下料。

■ “袋底振动”按键启动振动功能，以使物料落实。

注：启动主机前要开启所需的功能键，如取袋、开袋等。

b. 点击对话框中的“设置画面”，弹出要求输入密码对话框，请输入密码“＊＊＊＊”，然后按“确定”进入“设置”界面（图 6-14)。

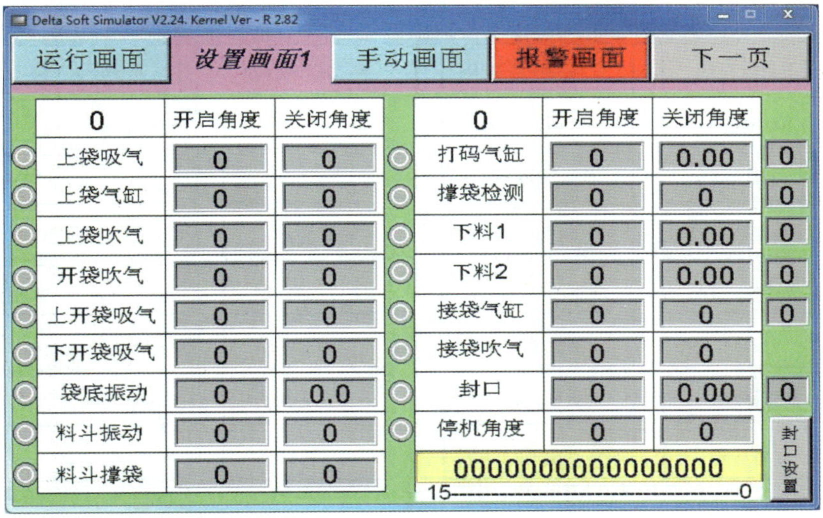

图 6-14 全自动计量真空包装机操作界面

c. 在“设置画面”对上袋吸气、上袋气缸、上袋吹气、开袋吹气等各个执行部件的开启值和关闭值以及关闭时间进行设置。

d. 点击“下一页”对上袋检测、撑袋检测、下料 1 反馈等各个执行部件的开启与关闭进行设置；当设置完成后，点击“运行画面”，则回到“菜单”界面(图 6-15)。

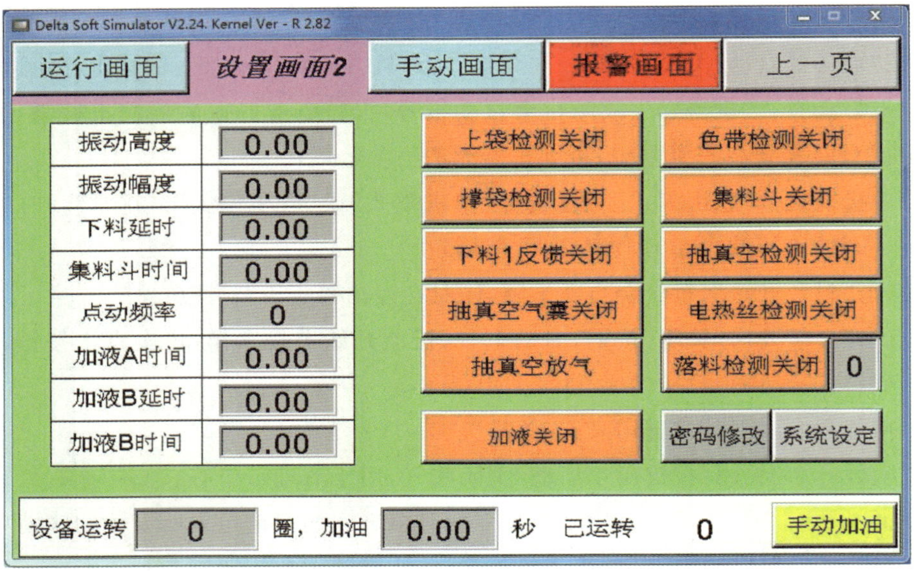

图 6-15　全自动计量真空包装机操作步骤

e. 根据实际生产要求进行真空机设置和功能选择，当设置完成后点击“运行画面”进入“菜单”界面(图 6-16)。

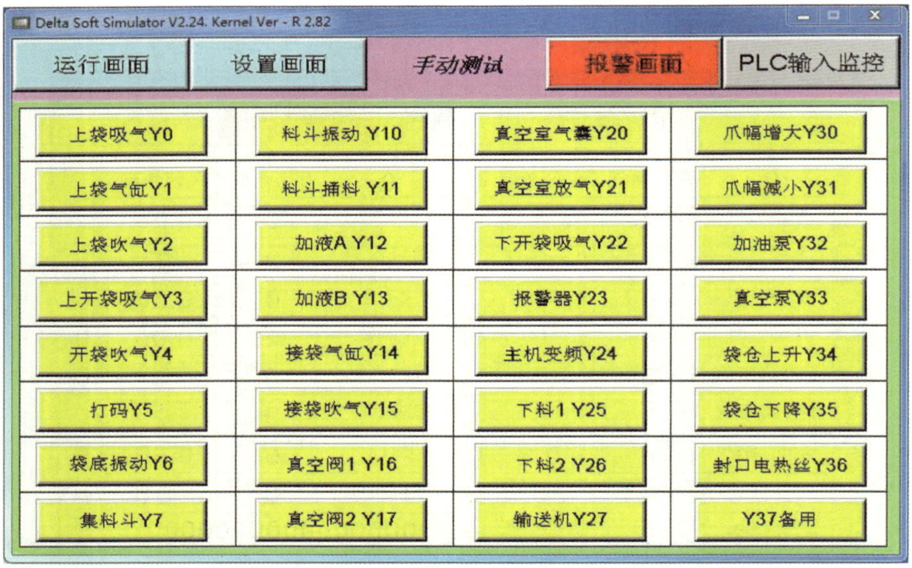

图 6-16　全自动计量真空包装机操作步骤

f. 根据实际生产要求进行真空机手动控制的测试和对真空机进行问题检测(注：真空机检测根据上面所标的顺序进行测试)。当设置完成后点击“运行画面”进入“菜单”界面(图 6-17)。

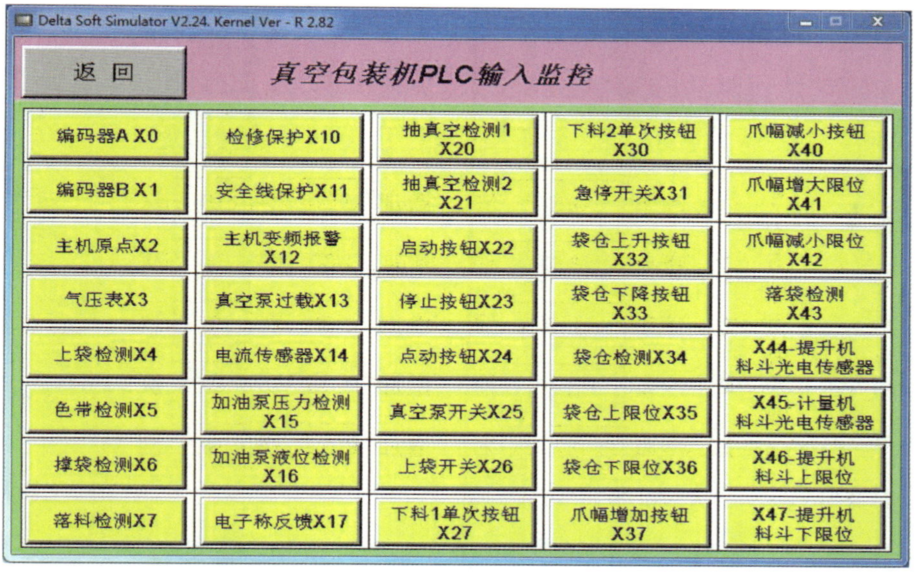

图 6-17　全自动计量真空包装机操作步骤

g. 选择“运行画面”界面，点击对话框中的“PLC输入监控”键，直接进入（注：当机器发生故障时，此画面用来检查故障）。当检查完成后，点击“运行画面”进入“菜单”界面（图 6-18）。

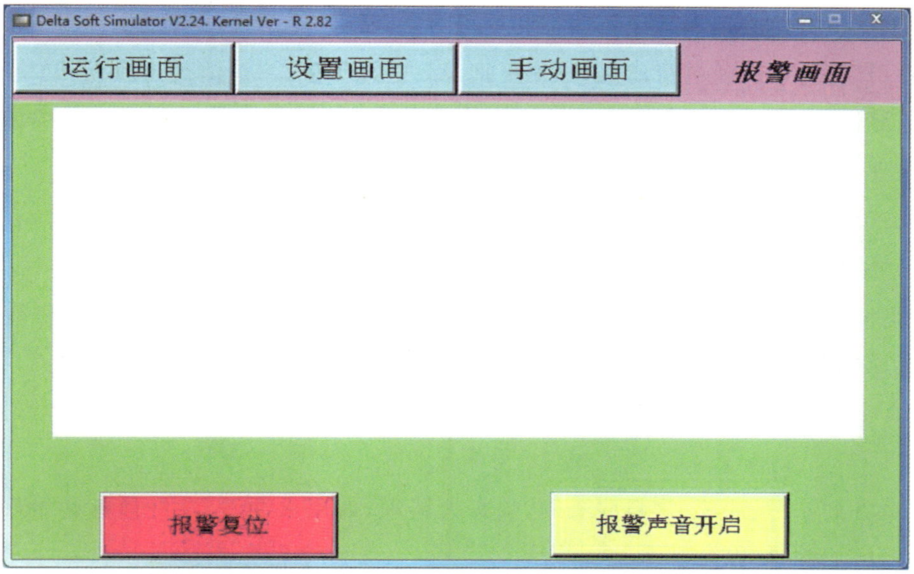

图 6-18　全自动计量真空包装机操作步骤

h. 点击“报警画面”，直接进入报警画面（注：当机器发生故障时，此画面用来检查故障和查看故障报警与报警复位）。当检查完成后，点击“运行画面”进入“菜单”界面（图 6-19）。

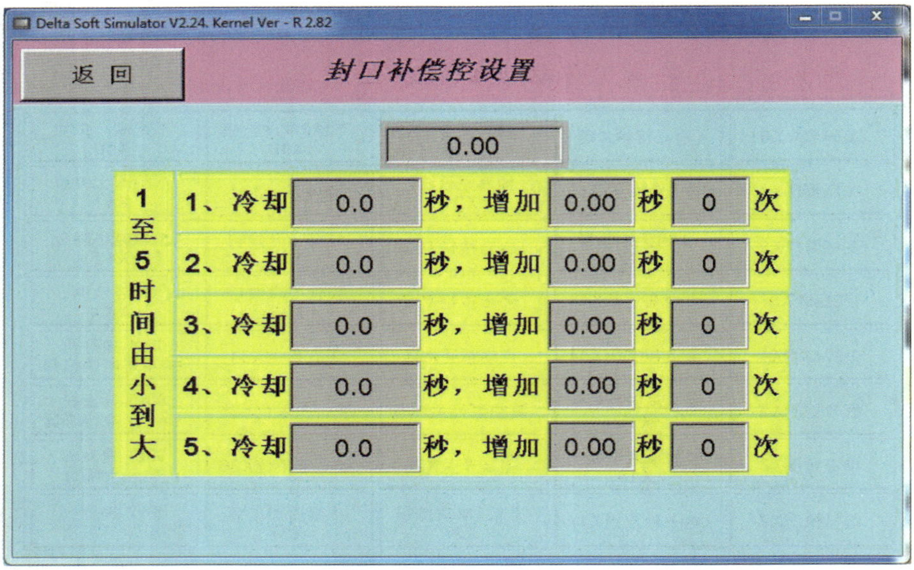

图 6-19　全自动计量真空包装机操作步骤

i.“封口补偿”。进入补偿页面后，根据冷却时间长短来调整增加密封时间与次数，在此界面调整封口。完成后点击返回，退回到主界面。

4.维护要点

(1)使用机器前必须熟悉设备调整和使用方法。

(2)每日都要对设备进行清洗，不仅要把设备表面油渍、污渍清理干净，还要检查、清洗平时容易藏污纳垢的地方，特别是加液机缸体和管道，清水洗过后再排空，对真空室热封部分仔细清理，更换已经损伤的高温贴布和加热布。

(3)关节滑润处理：对所有的手动注油口，用油壶注油后让设备空转几分钟，在每个机夹体开槽处弹簧面上抹上锂基脂。

(4)电器部分：做好防潮处理，对于比较潮湿的车间，每隔一周设备要开机空转 30 min 或者用吹风机对电器箱进行适当的除湿。

(5)真空泵：半年更换一次真空泵专用油，油型号为 vg100 号；空气滤芯、油滤芯每半年更换一次。

(6)设备上油污、油渍、物料残渣等，须每天清理，如用水冲洗，冲洗前务必做好防水保护，电器箱门须关紧，以防进水。

5.安全注意事项

(1)操作过程中如遇电源故障或中断，应立即停机，并实施安全保护措施。

(2)操作人员不得随意调整机器运行参数。

(3)使用过程中若遇故障，应停止使用并立即报告车间主管领导；及时做好故障情况记录。除采取必要安全措施外，非专业人员禁止擅自拆卸。

（4）工作完毕，应关闭电源。

（5）工作结束后，使用人应及时恢复设备至待用的正常状态，并做好设备及所在场所的清洁工作。

任务七

杀菌冷却设备的使用与维护

巴氏杀菌设备——连续式水浴杀菌冷却机

泡菜产品要想延长保鲜时间，必须做好杀菌消毒，目前泡菜产品运用最广泛的就是巴氏杀菌设备——连续式水浴杀菌冷却机。

1. 功能

连续式水浴杀菌机主要用于对已包装好的泡菜成品进行高温连续杀菌，然后送入冷却箱进行快速冷却，以尽可能保持食品的脆性。该机集灭菌、冷却于一体，连续、自动生产，也可用于其他袋装、瓶装、盒装食品的灭菌、冷却。

2. 结构及原理

连续式水浴杀菌机主要由灭菌系统、冷却系统及电器系统组成。图 7-1 所示为连续式水浴杀菌机。

灭菌机系统由槽体、输送装置、网压装置及加热系统组成。槽体由内胆、框架、保温材料、外包皮、箱盖、循环泵部件、进水接口、排污接口、电热管、热电阻接口、溢流接口等部件组成。与水接触部分均采用不锈钢材料制造。输送装置由从轴、链轮、轴承座、网带、张紧装置等组成。网带均采用不锈钢材料制成。其余零件均采用黑色材料，经表面处理后涂上防腐油漆。网压装置由两侧固定架、张紧装置、轴承座、主从动轴、链轮链条、网带等组成。除轴承座、链轮外，均采用不锈钢材料制造而成。加热系统由电加热、加热管、热电阻、温控仪管件组成，槽内加热管采用不锈钢材料制造。

冷却系统由槽体、输送传运装置、变速箱和网压装置等组成。槽体由内胆、框架、溢流接口、进水接口、排污接口及清扫门等零件组成。与水接触部分均采用不锈钢材料制造。输送装置由主传动轴、链轮、链条、网带、张紧滚轴、轴承座等零件组成。除网带采用不锈钢外，其余均为黑色材料。变速箱由机架、箱体、变频调整电机、轴承座、齿轮、减速器、链轮、链条等零件组成。网压装置结构与灭菌槽上的装置相同。

电器系统由电控箱、电器固定板、控制面板及各电器元件组成。

连续式水浴杀菌机主要工作原理是通过电加热，首先将灭菌槽内的清水加热至杀菌温度，并将水位控制在适当位置。温度由传感器进行自控。水浴式连续灭菌机经输送网和传动机械传动，按杀菌时间要求缓慢通过槽体进行杀菌，然后送至冷却槽内进行冷却。为防止产品漂浮出水面，在灭菌槽和冷却槽上均设置了网压装置，网压装置通过链传动与输送网带同步移动，始终将塑装物品压在水里进行杀菌和冷却。

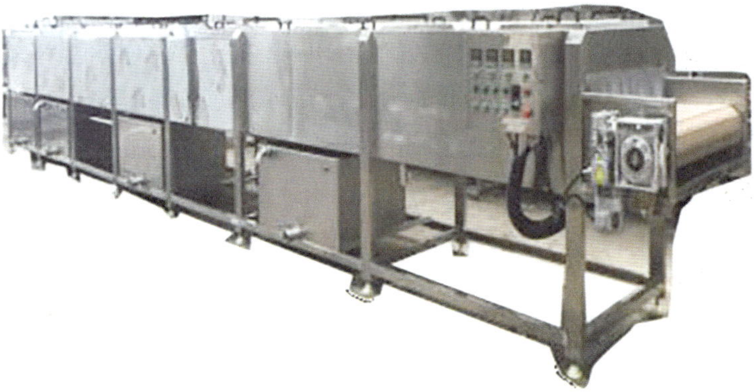

图 7-1 连续式水浴杀菌机

3. 操作步骤与规范

(1)检查接通总电源

电源接通后电柜控制盘面中有一个圆形红灯亮(图 7-2)，表示正常，如红灯不亮则应断电检修。

(2)检查机器性能

在机器无明显异常的情况下，启动控制面板上各按钮(图 7-3)，使各机器运转，查看机器各部分运行情况是否正常，各连接装置是否牢固，有无异常响声及不稳定情况。

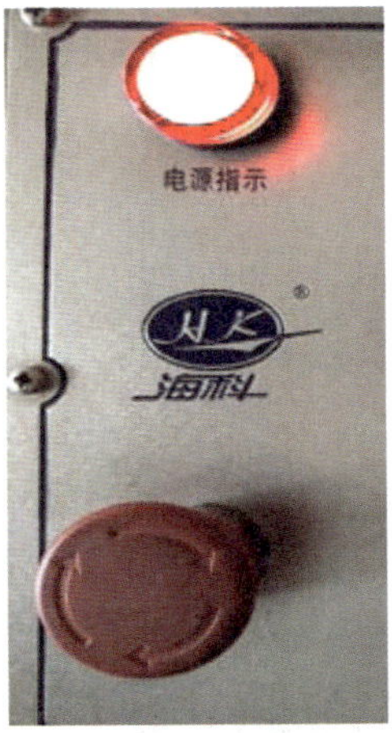

图 7-2 检查接通总电源

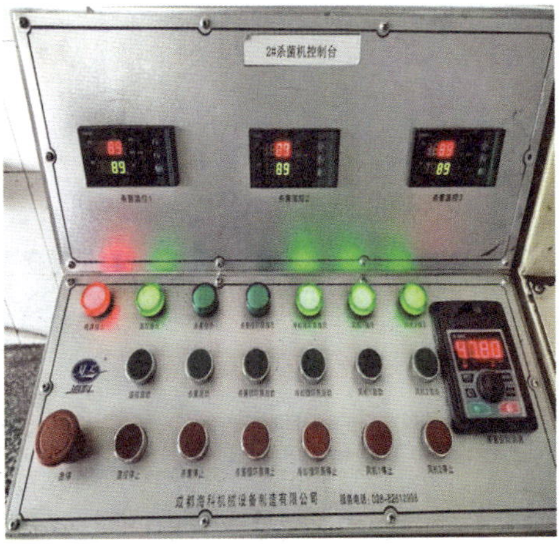

图 7-3 检查机器性能

(3)准备杀菌冷却水

将进水阀门打开，往杀菌池及冷却池中注入冷水，至水位接近工作高度时停止供水(图 7-4)。

图 7-4　注水

(4)调设水温

给已经加注完水的杀菌槽体内，手动供汽加温(本机切忌超压供汽，工作压力不大于 0.4 MPa)。在加温过程中应开启循环泵，以便杀菌槽内的水温平衡。当水温接近工作温度时，关闭手动供汽阀门，开启自动供汽系统，变手动连续供汽为自动间歇供汽。根据生产的不同需要在杀菌、冷却、干燥三部分数字控制仪表内预先设置 0～99 ℃的任意温度值(图 7-5)。

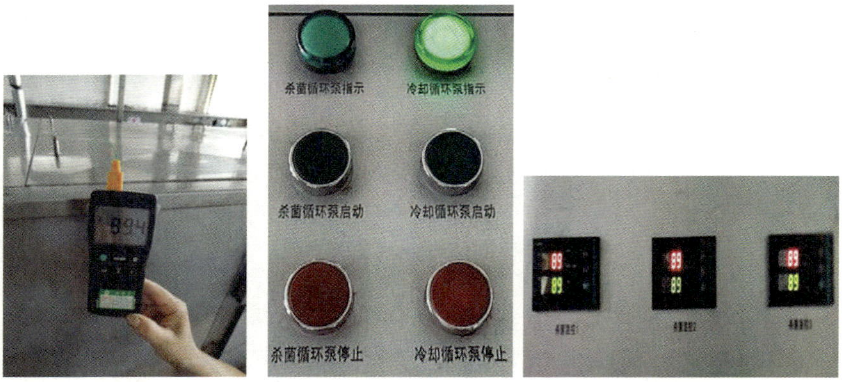

手动测温　　自动控温　　实时检测

图 7-5　调设水温

(5)启动杀菌的传动系统

启动杀菌的传动系统包括输送机、提升机、布料机、杀菌机、冷却机、输出机等(图 7-6)。

图 7-6　启动杀菌的传动系统

(6)杀菌变频调速

杀菌变频调速应先开启电磁调速电机，待运转正常后，再开启电磁调速电机的自调控制开关，红灯亮则表示正常，然后根据工作需要调整转速旋钮，顺时针杀菌速度加快，逆时针杀菌速度减慢；调整时要缓慢加快或减慢，不得用力过猛损坏电器开关（工作时输送链网载荷不应超过 120 kg/m^2）（图 7-7）。

(7)关闭传动系统

关闭传动系统时，应先将电磁调整电机的转速旋钮回位到“0”，然后关闭电机控制开关。整机不使用时应将总电源切断（图 7-8）。

图 7-7 杀菌变频调速

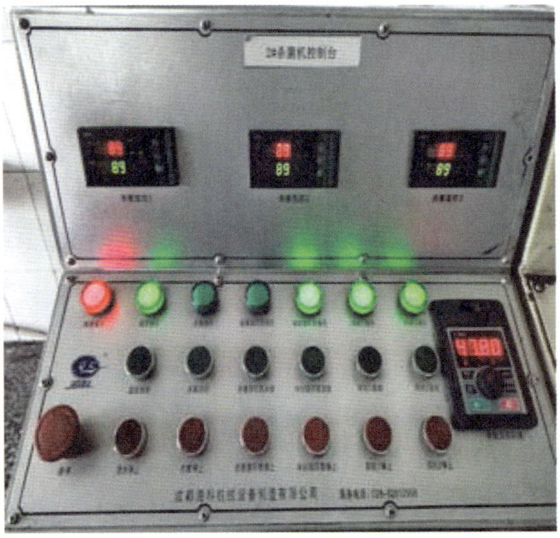
图 7-8 关闭传动系统

4. 维护要点

(1)检查控制电柜上的各控制按钮是否完好无损，是否能正常操作。

(2)应检查灭菌机各传动部位有无松动或异常。

(3)检查减速机内是否注有油，加注油后有无油渗。

(4)检查供水、供气、供电系统是否工作正常。

(5)检查各控制系统工作是否灵敏可靠。

上述各项如发现异常应请技术人员及时排除，不得带故障运行。

5. 安全注意事项

(1)操作过程中如遇电源故障或中断，应立即停机，并实施安全保护措施。

(2)操作人员不得随意调整机器运行参数。

(3)使用过程中若遇故障，应停止使用并立即报告车间主管领导；及时做好故障情况记录。除采取必要安全措施外，非专业人员禁止擅自拆卸。

(4)机器运行过程中,严禁身体的任何部位接触灭菌机,以免烫伤。

(5)工作完毕,应关闭水、电。

(6)工作结束后,使用人应及时恢复设备至待用的正常状态,并做好设备及所在场所的清洁工作。

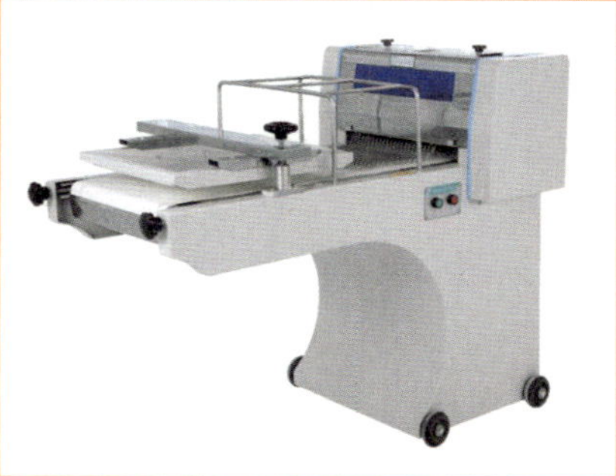

任务八

整形设备的使用与维护

整形机

1. 功能

袋装泡菜的成品经真空包装后，包装形状往往不规则，影响产品外观质量，通过整形设备(整形机)整形后，可以使杀菌更均匀，包装形状更规则，产品外观质量更完善，还可增强杀菌后的除水效果，避免造成产品装箱后包装表面出现霉变现象。

2. 结构及原理

整形机包括动力部分、工作部分和调节高度部分，其中工作部分结构原理为：传送带套在传送带滚轴上，整形轴轻轻碾压食品袋，使食品袋厚薄均匀，从传送带的尾端落下。图 8-1 所示为整形机。

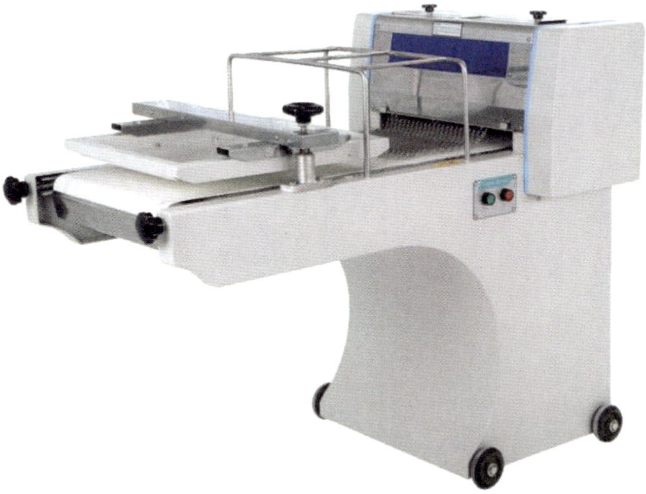

图 8-1　整形机

3. 操作步骤与规范

(1)开机前进行设备日常检测，确认安全后接通电源，电源灯应亮。

(2)按下“启动”按钮，设备运行指示灯亮，设备开始运行。设备运行当中，不能对设备进行操作，以防止机械压伤。

（3）结束工作时，确认设备上无物料，按下“停止”按钮，运行指示灯熄灭，设备停止工作。

（4）设备停止工作后，切断电源。

4.维护要点

（1）将设备放置平稳，根据地面高度进行调整，防止设备发生扭曲。

（2）检查各部位有无松动现象。

（3）检查皮带是否张紧，如因运输需要需将张紧结构松开，请调整入料口两侧张紧螺栓。

（4）将设备外壳用导线良好接地，按设备配备与规定相符合的电源（三相四线制），严禁缺相使用。

（5）打开电源开关，检查减速机运行方向（顺时针旋转）是否正确，如果反转，皮带逆向运行，则将主电源三相电源线中任意两根调换即可。

5.安全注意事项

（1）操作过程中如遇电源故障或中断，应立即停机，并实施安全保护措施。

（2）使用过程中若遇故障，应停止使用并立即报告车间主管领导；及时做好故障情况记录。除采取必要安全措施外，非专业人员禁止擅自拆卸。

（3）工作完毕，应关闭水、电。另有特殊规定者除外。

（4）工作结束后，使用人应及时恢复设备至待用的正常状态，并做好设备及所在场所的清洁工作。

（5）设备移动位置时，必须先切断电源，不得在转动时移动。

任务九

除水设备的使用与维护

振动鼓风除水机

1. 功能

除水指的是将泡菜包装物上的水汽去除，生产中常用的就是振动鼓风除水机，它利用振动原理将包装物表面的大部分水滴除去，再利用鼓风机制造的风带走包装物及传送带上的水汽。同时该机还具有振动摆料功能，可大大节省人工摆料时间。

2. 结构及原理

振动鼓风除水机主要由洗槽、喷淋管、改向压轮、鼓风机、电机、输送机网带、吹泡管、排污口、支架、输送机驱动滚筒和张紧滚筒构成。鼓风式清洗机的清洗原理是用鼓风机把空气送进洗槽中，使清洗原料的水产生剧烈的翻动，空气对水的剧烈搅拌使湍急的水流冲刷物料表面将污物洗净，利用空气进行搅拌，既可加速将污物清洗掉，又能使原料在强烈的翻滚下不致损伤，适合果蔬原料的清洗。图 9-1 所示为振动鼓风除水机。

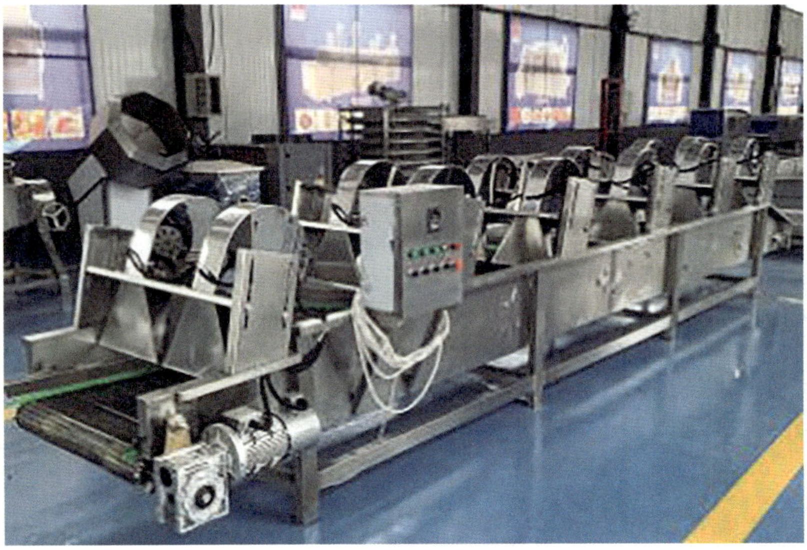

图 9-1　振动鼓风除水机

3.操作步骤与规范

(1)检查振动筛筛网,是否保持完好、无破裂。操作前仔细调整振动筛的振动电机,振幅适当方可投入运行。确认振动筛上无人、无工具或异物时方可开机(图 9-2a)。

(2)旋转开关至运行位置,启动振动筛,观察机体振动情况,聆听机体的运转噪声,如有不正常振动和声音,立刻按下停止按钮。查明和消除不正常现象后,方可启动(图 9-2b)。

(3)完成后关闭电源开关(图 9-2c)。

a　　b　　c

图 9-2　振动鼓风除水机操作步骤

4.维护要点

(1)及时清除生产线上的杂物,以免机械运行出现故障。

(2)检查各连接处螺钉有无松动。

(3)操作者不得踩踏振动筛,更不得在振动筛上行走。

(4)设备操作者应严格管理电器控制箱,任何人不得随意改变计算机模块的设置。

(5)空载运行时若有异常声音,应该检查并清理振动筛内残余物料,检查并修理传动部分和机体间间隙。

5.安全注意事项

(1)要经常检查安全防护装置是否完好,如有损坏须及时修好,以保障设备和人身安全。

(2)出现异常情况,要及时按下工作区附近的紧急停止开关。

(3)在排除振动筛故障时,应切断电源,并有人控制电器开关,不得一人擅自去排除故障。

(4)严禁在振动筛上行走。

(5)振动筛工作时,应注意观察螺钉是否有异常松动。

(6)操作过程中如遇电源故障或中断,应立即停机,并实施安全保护措施。

(7)使用过程中若遇故障,应停止使用并立即报告车间主管领导;及时做好故障情况记录。除采取必要安全措施外,非专业人员禁止擅自拆卸。

(8)工作结束后,使用人应及时恢复设备至待用的正常状态,并做好设备及所在场所的清洁工作。

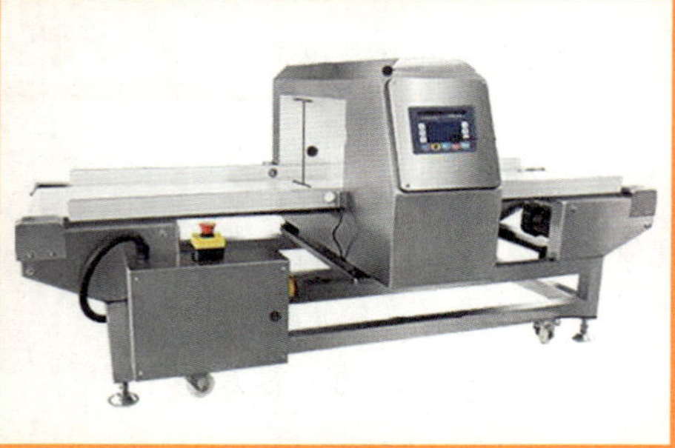

任务十

在线检测设备的使用与维护

金属探测机(以升煜 SY-5010 型金属探测机为例)

在线检测设备主要用来检测混在产品中的金属异物以及密度较大的非金属异物等,生产中最常用的是金属探测机。

现代食品产业离不开机械化设备,但生产设备长时间运行、配件松动脱落、内部构建磨损等可能导致产品中出现金属异物。金属异物可能破坏消费者牙齿、划伤或卡伤消费者的口腔和喉咙,这不仅是食品安全问题,还可能给企业品牌和声誉造成严重影响。

1.功能

在食品行业对金属杂质的检测就用到金属探测机,其型式分为通道式、落体式和管道式。

通道式金属探测机是目前市场上最常见的金属检出设备,检测机的通道呈方形,一般都配以输送带,带有自动剔除装置,可发出报警信号。输送带上的物品经过检测仪时,一旦有金属,设备就自动剔除或停止输送。通道式金属探测机主要针对成品和半成品的在线检测,提供出货前的最终检查。

金属探测机对产品的包装要求是不能含有金属,但考虑到密封性、避光性等较高的要求,某些产品必须采用金属复合膜进行包装。金属复合膜本身就是金属,若用通道式金属探测机,检测的灵敏度就会有大的偏差,甚至无法检测。鉴于以上原因,落体式金属探测机就被开发出来了。当物品下落通过落体式金属探测机时,一旦检测到金属杂质,系统即刻启动分离机构来排除可疑物品。落体式金属探测机主要用于需要使用金属复合膜进行包装的片状、胶囊状、颗粒状及粉末状物品的包装前检测。

管道式金属探测机主要用于流体及半流体物品在灌装或封装前的金属异物检测。

泡菜企业中运用得最多是通道式金属探测机,下面以升煜 SY-5010 型金属探测机为例进行介绍。

2.结构及原理

(1)结构

通道式金属探测机主要由机架、操作面板、传动输送带、检测探头、报警灯、气动自动剔除装置等组成。图 10-1 为通道式金属探测机的外形图。图 10-2 为金属探测机的实物图。

(2)原理

金属探测机工作方式为电磁感应与光电相结合，利用有交流电通过的线圈，产生迅速变化的磁场。这个磁场能在金属物体内部感生涡电流。涡电流又会产生磁场，反过来影响原来的磁场。因而当金属物质进入磁场，就会改变该处磁感强度，设置在机内的磁感器将磁信号送入控制电路，引起声光报警，然后通过气动装置，采用下沉、翻板、推杆、气吹等方式自动剔除不合格产品。

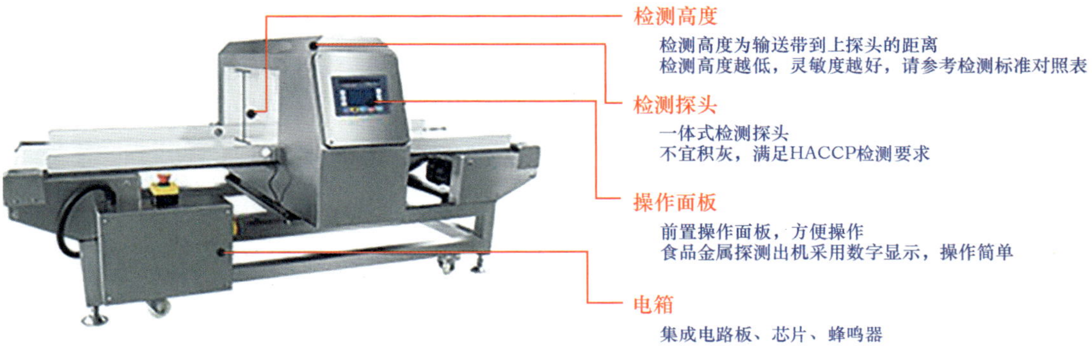

图 10-1 通道式金属探测机的外形图

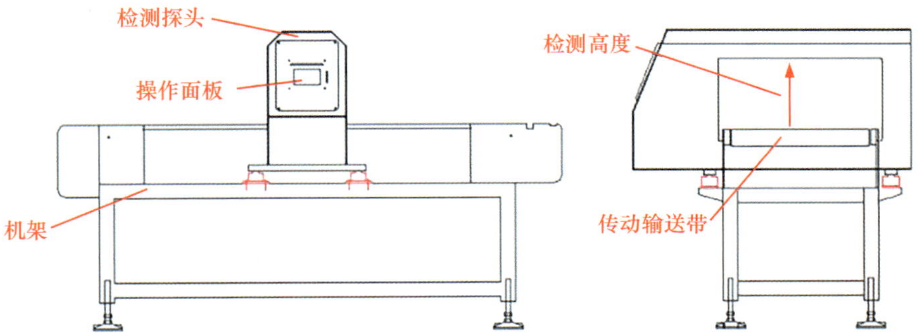

图 10-2 通道式金属探测机的实物图

3. 仪器安装和人员要求

(1)仪器安装

①安装位置选择

a. 应选择阴凉、干燥、水平的地方，避免潮湿、高温。机器放置时使其四脚着地，顶起机器，四只方向轮各离地，使机器基本呈水平状态，平稳，不摇动。

b. 应远离金属物品、高波率机器设备 5 m 以上，避开干扰物与干扰源。由于本机灵敏度很高，故仪器应安装在远离活动的铁器及正在工作的推车、吊扇等，尤其这些活动的铁器若处在本机的正方影响最大。如正上方(楼上)是正在工作的吊扇,其上下活动的机头及其振动会使本机出现误报警,故本机一定要远离上方活动的铁器物质。

c.金属检测器不能与其他机器相连,以免其他机器震动而产生误报警;放在流水线后,应确保产品在金属探测机和其他机器间传送的时间至少间隔 2～3 s。

②安装位置确认

使仪器处于工作状态,输送带运转,灵敏度设置在 4～5 挡,不放物品,观测红色发光管之一是否点亮。若时灭时亮,或有“嘀嘀嘀”报警声说明存在干扰,或机器没有放平稳,或传送带上有脏物。

③用电要求

使用 220 V 电压,严禁使用 380 V 电压。如果电压不稳定或自己发电,应配备稳压电器。

(2)操作人员

不允许佩戴锁匙、手饰、头饰、手机等金属物品。

4.操作步骤与规范

(1)产品检测前的标准检测块试机

插上 220 V 电压的电流,机器进入通电状态,红色电源指示灯亮,按启动/停止键,机器启动→灵敏度调节到 3～4 挡→把开关调到厚料/薄料中的薄料挡。机器启动 5 s 后,把标准检测块放在传送带上的各个位置试验(一般为 8 个),机器报警属正常状态;不报警,说明仪器存在故障。同时挡板能自动启动和归位才可正常运行工作。

(2)参数设置

①功能设置

按↑或↓选择检测标准,0.5 为最高,4.00 为最低。

②调整灵敏度

灵敏度分 1～10 挡,可依包装品的大小对灵敏度的要求而调整,以不误叫为准。按↑或↓调整灵敏度,亮着的指示灯越多表示灵敏度越高。每按“↑”一次,增加一个指示灯;每按“↓”一次,减少一个指示灯。

③计数切换

按住计数切换键 4～5 s。出现数字闪烁时,表明已消除。

④返回

用于点动,清除传送带上脏物。

(3)产品检测中的标准检测块试机

设备在运行过程当中，每间隔 60 min 必须用标准检测块进行测试验证，确认能准确报警、挡板能自动启动和归位。

机器对标准检测块进行检测频率为 30 min 一次，当用标块检测发现没有警报声、发出报警时输送带没有返回动作或返回后不能自动启动时，应立即停断产品的再输入。待查明原因，维修调节完成后，再用标块检测验证后才能实施设备正常运行。

对发现问题的前一时间段内的产品即时进行隔离，对隔离后的产品还未完成后工序的重新检测，已完成后工序的必须进行返工后重新检测。

4. 维护要点

(1)输送带的调整

机器在运作状态下若出现偏差，用内六角扳手，仔细调节输送带的松紧，顺时针方向为紧、逆时针方向为松。在调节时，调节幅度不宜过大，输送带调节不应过紧。

(2)三角皮带的更换

先拆下机翼下面的螺栓，再拆下机器表面不锈钢螺栓，取下机翼，拆下调节螺栓，把主动轴从四口出处取出，套上新的三角带重新安装。

(3)三角皮带的调节

先调节三角皮带的松紧(松紧为上下 2 cm)，再调节主动轴平行，最后调节输送带松紧，松紧度控制在手握被动轴的带子，主动轴能打滑空转为宜，输送带切记不要调节过紧。

(4)输送带的清洗

用白毛巾蘸上食用酒精后，紧贴输送带表面进行转动清洗。注意远离传动轴，确保安全。

(5)其他注意事项

设备在每天上下班前均要擦洗干净，保持设备卫生；严禁用水直接冲洗电箱，防止线路板受潮。

(6)常见故障排除

①机器不启动

按启动开关后，机器不启动。

a. 检查一下保险丝是否烧坏。

b. 检查启动按钮是否通电，发光。

c. 继电器是否烧坏。

d.电机是否烧坏,电机接线是否良好。

e.电压是否达到 220 V,电压是否太低。

②机器乱报警

机器启动后调节到薄料挡位,或放上产品后机器乱报警。

a.灵敏度设置太高。把灵敏度调节到机器不报警的位置。

b.传送带中混有金属物,出现周期性的误报警。用干净的湿毛巾擦传送带的正面与反面,尤其要把传送带的反面擦干净。步骤:先用内六角扳手把传送带放松,用湿毛巾擦传送带反面,反复多擦,以保持传送带干净。

c.检查一下机器周围(约 1 m 内)是否有大金属物移动,是否有电焊机、打包机、包装机等大功率的机器在使用(约 2 m 内)。

d.检查一下机器是否平稳,是否晃动。

5.安全注意事项

(1)操作过程中如遇电源故障或中断,应立即停机,并实施安全保护措施。

(2)操作人员不得随意调整机器运行参数。

(3)使用过程中若遇故障,应停止使用并立即报告车间主管领导;及时做好故障情况记录。除采取必要安全措施外,非专业人员禁止擅自拆卸。

(4)运行过程中如发现异常声音,应立即停机检查转动系统。

(5)工作完毕,应关闭电源。

(6)工作结束后,使用人应及时恢复设备至待用的正常状态,并做好设备及所在场所的清洁工作。

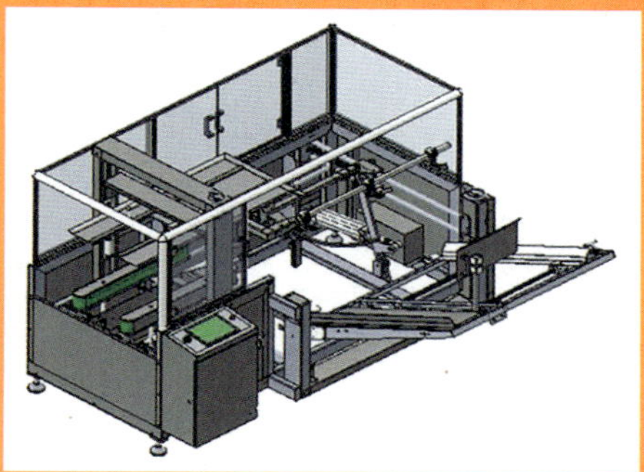

任务十一

打包设备的使用与维护

一、自动开箱机(以固尔琦 GPK-40 为例)

开箱机是自动化规模生产必不可少的流水线设备,能实现大批量纸箱的自动开箱、折合下盖、胶带密封下底等。下面以固尔琦 GPK-40 自动开箱机为例进行介绍。

1. 功能

自动开箱机也叫纸箱自动成型封底机,功能是把纸箱板打开,箱子底部按一定程序折合,并用胶带密封后输送给装箱机。

2. 结构及原理

自动开箱机由主机架、电箱、料槽机构、折后盖及送箱机构、取箱机构、压箱调节机构、折侧盖机构、折前盖机构、皮带输送机构、气动控制系统、电气控制系统等组成,如图 11-1、图 11-2 所示。开箱机的动作是集取箱、成型、折盖、封底为一体,如图 11-3 所示。使用时,首先将扁平的纸箱放入料槽中,通过吸盘将纸箱从料槽中吸出,在吸取拉出的同时将纸箱成型;将纸箱下底的两个短边先进行折合,再折合长边;纸箱在皮带的驱动下向前行进,在行进的过程中,将纸箱的下底用封箱胶带封合好。

图 11-1　自动开箱机外形图

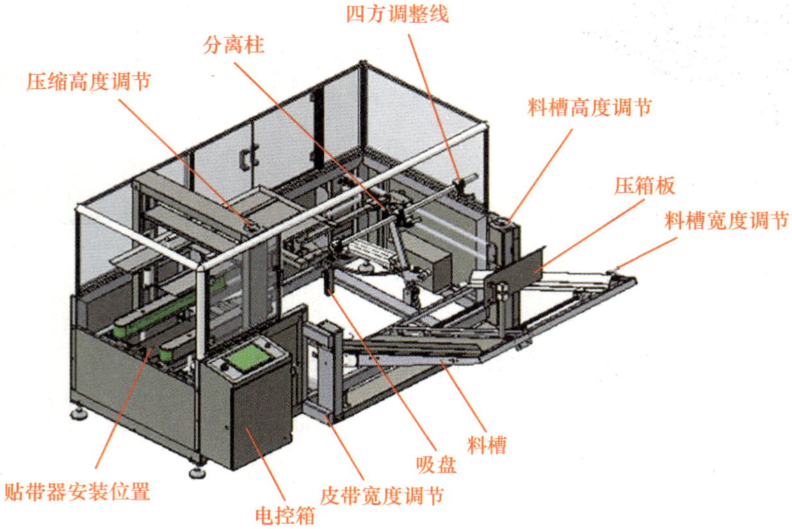

a

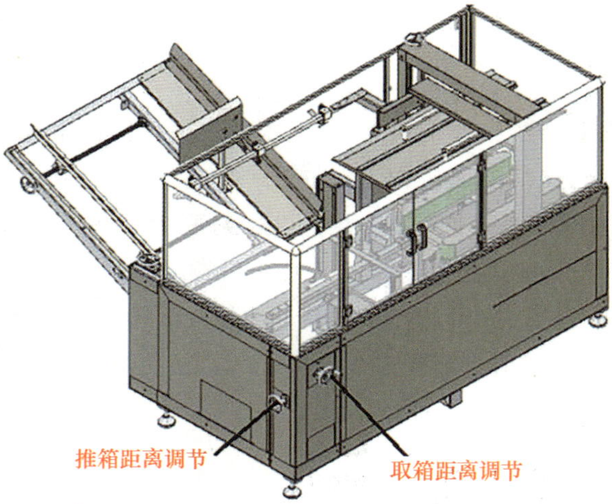

b

图 11-2　自动开箱机结构简图

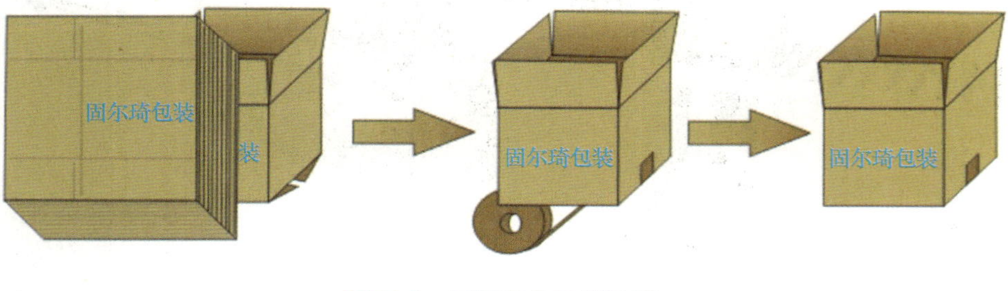

图 11-3　开箱机的开箱流程

3. 操作步骤与规范

(1) 机械部分调整操作说明

①取一个要开箱的已成型的纸箱。

②转动皮带宽度调节手轮(顺时针,皮带宽度变窄,反之变宽),使出料皮带宽度与纸箱相等,如图 11-4 所示。

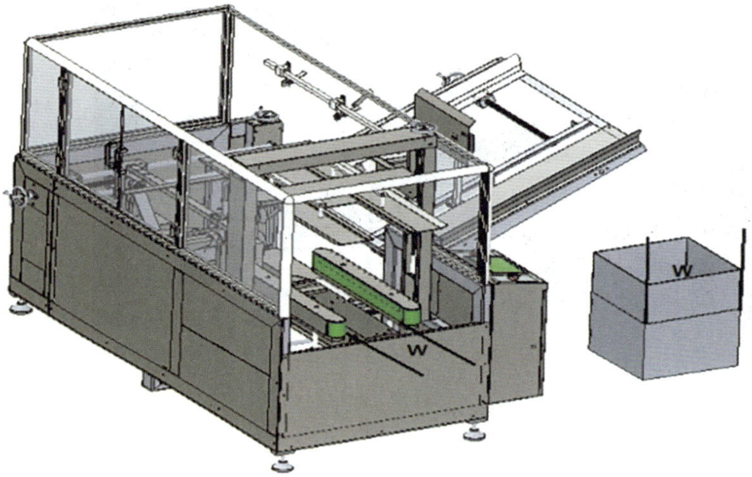

图 11-4　纸箱宽度调节

③转动取纸箱调节手轮(顺时针向前,反之向后),使取纸箱吸盘在极限位置时,吸盘面与皮带面平行,如图 11-5 所示。

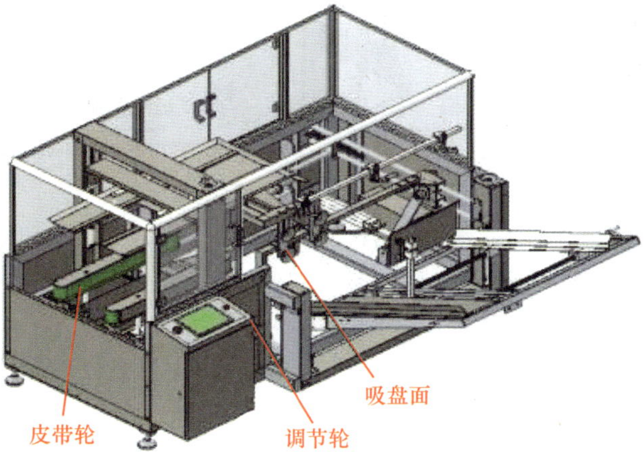

图 11-5　吸盘面调节

④取未开箱纸箱,以挡料块下边缘为基准放置,调整储料槽的高度及宽度,分别使其与未成型纸箱的高度、宽度相等,如图 11-6 所示 。

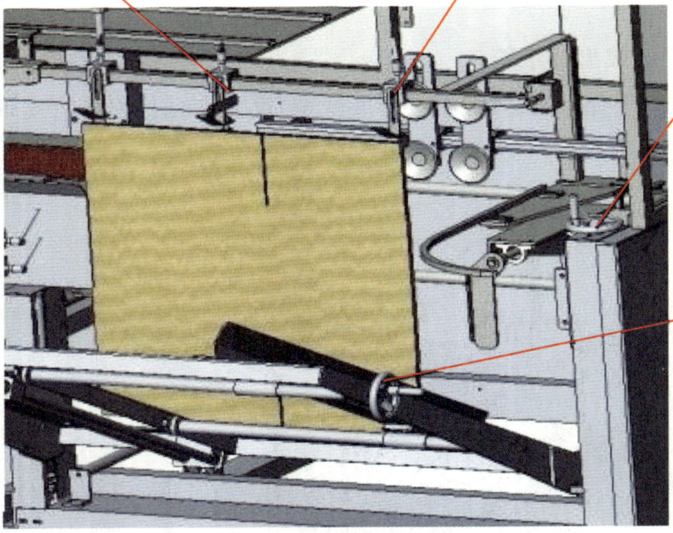

图 11-6　调整储料槽的高度及宽度

⑤调节锥形调整块，使其对齐纸箱折线，如图 11-7 所示。

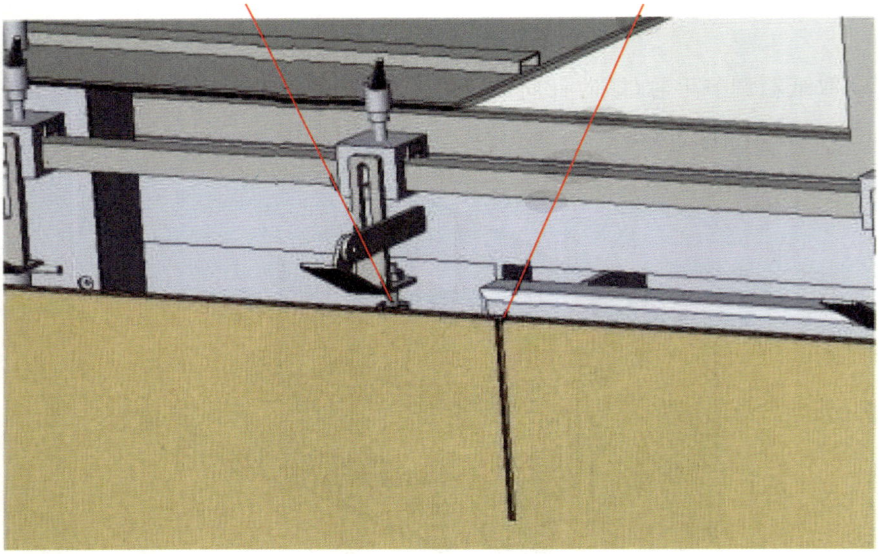

图 11-7　对齐纸箱折线

⑥转动推纸箱调节手轮，调节使主推箱杆、推箱辅助杆、纸箱折线处于同一直线上，如图 11-8 所示 。

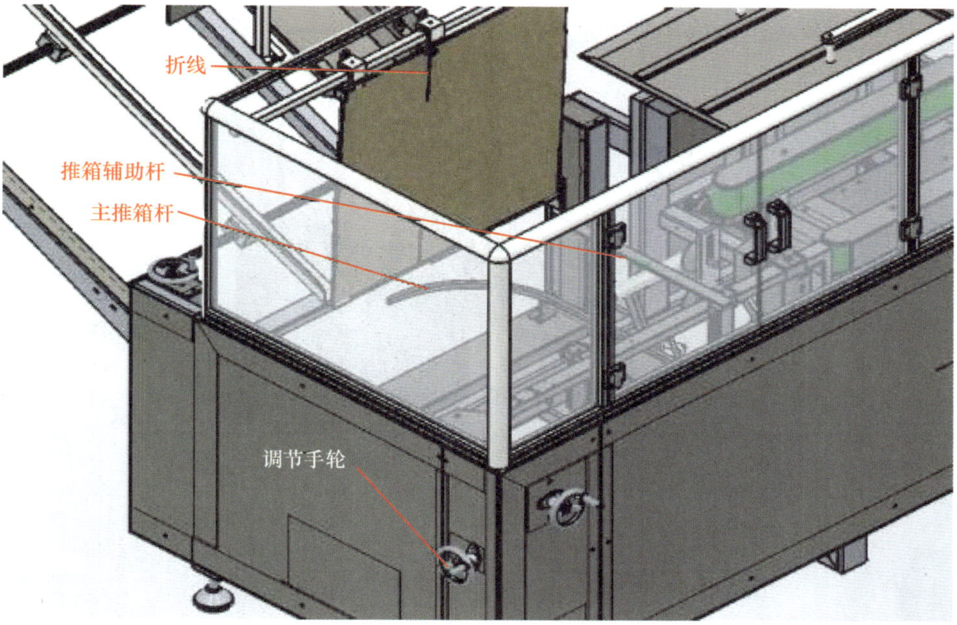

图 11-8 三点重合线调整

⑦将吸盘根据纸箱大小调整到合适的位置,如图 11-9 所示。

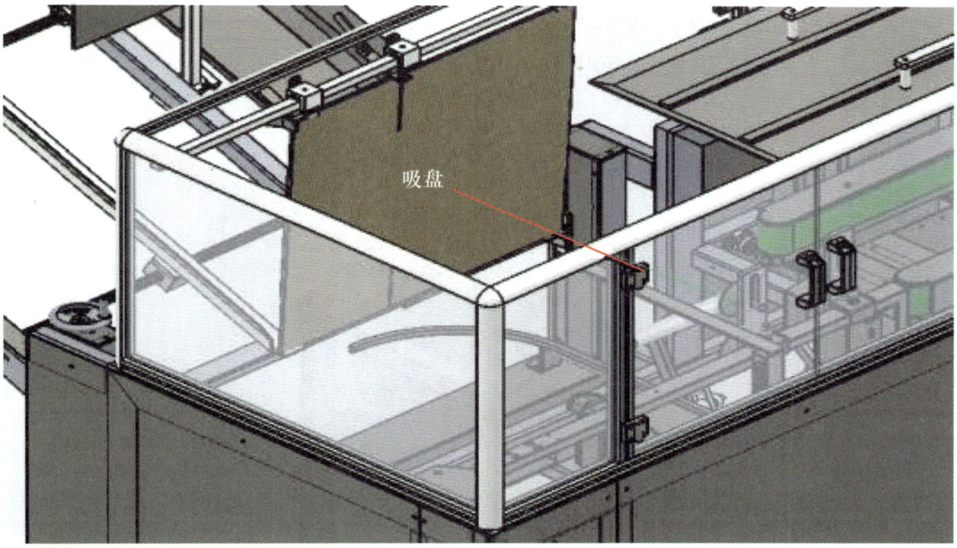

图 11-9 调整吸盘位置

⑧将未成型纸箱放入储料槽中并放下储料推板,至此已完成开机前的机械调节,如图 11-10 所示。

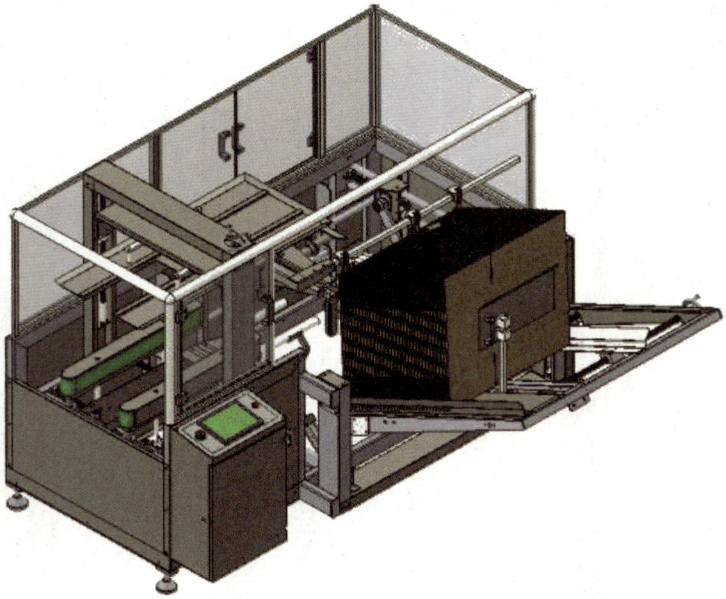

图 11-10　放置未成型纸箱

(2)电控部分调整操作说明

①确定开箱机已送入电源和气源。

②依次打开 NFB(无熔丝开关)、电源开关,以及确定急停开关为非下压状态,如图 11-11 所示。

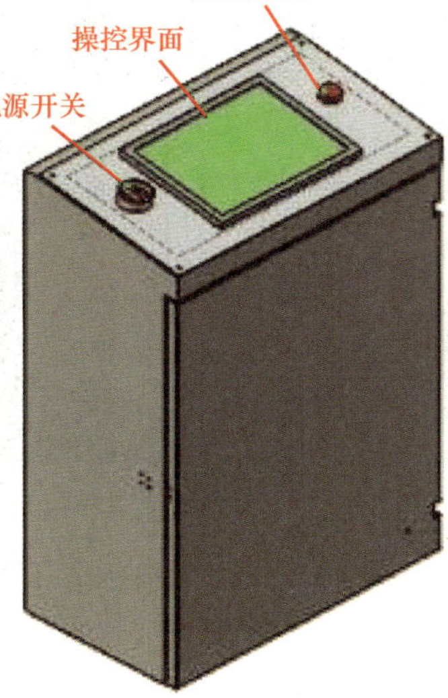

图 11-11　打开 NFB、电源开关

③开机后屏幕显示如图 11-12 所示。

图 11-12 开机画面

④主图界面,如图 11-13 所示。

【自动操作/手动操作】:为手、自动状态切换及显示。

【总产量/批次产量/当前产量】:显示不同状态的产量,按复位可归零。

【连续开箱】:在自动状态下按连续开箱,则连续执行开箱作业。

【开一箱】:执行一次开箱作业。

【设置】:可设置输入密码、文字显示方式、工作参数等。

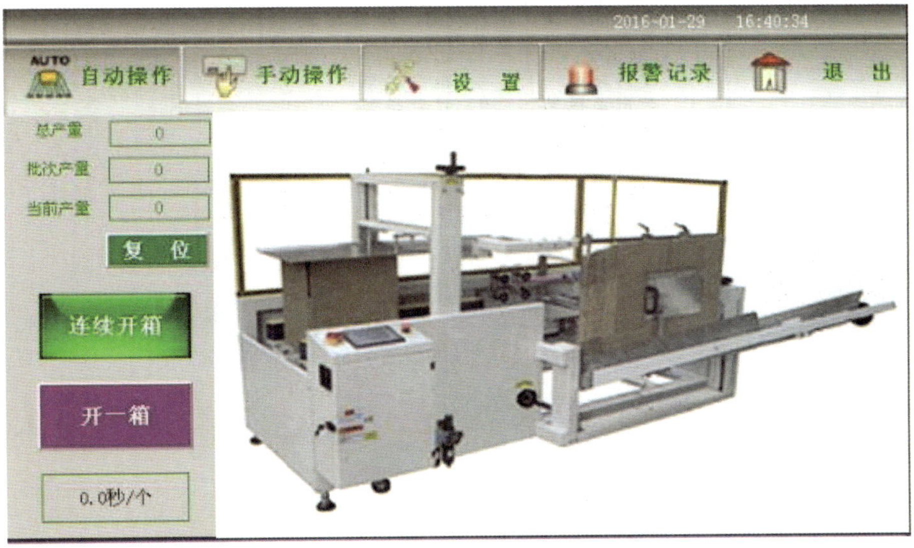

图 11-13 主图界面

⑤手动操作界面点击执行相关操作,如图 11-14 所示。

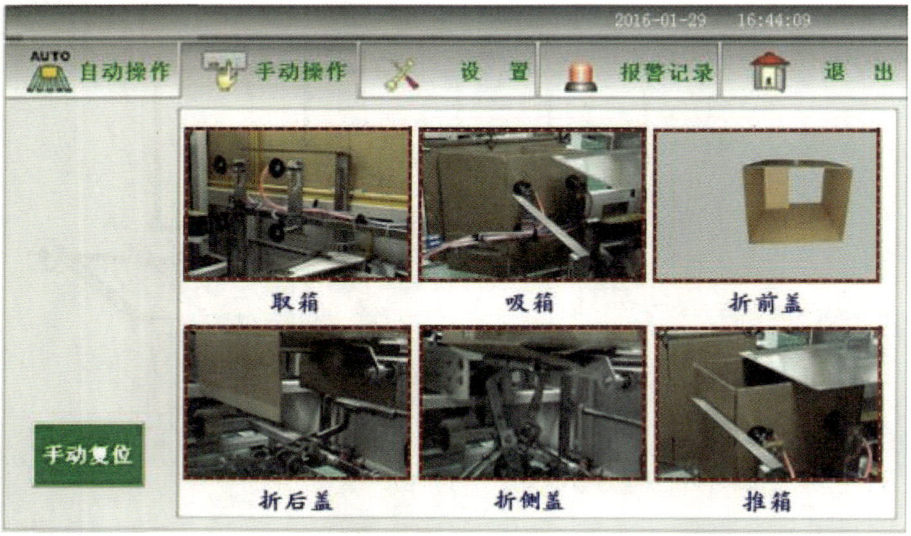

图 11-14　手动操作界面

⑥设置画面

a. 基本设置界面,如图 11-15 所示。

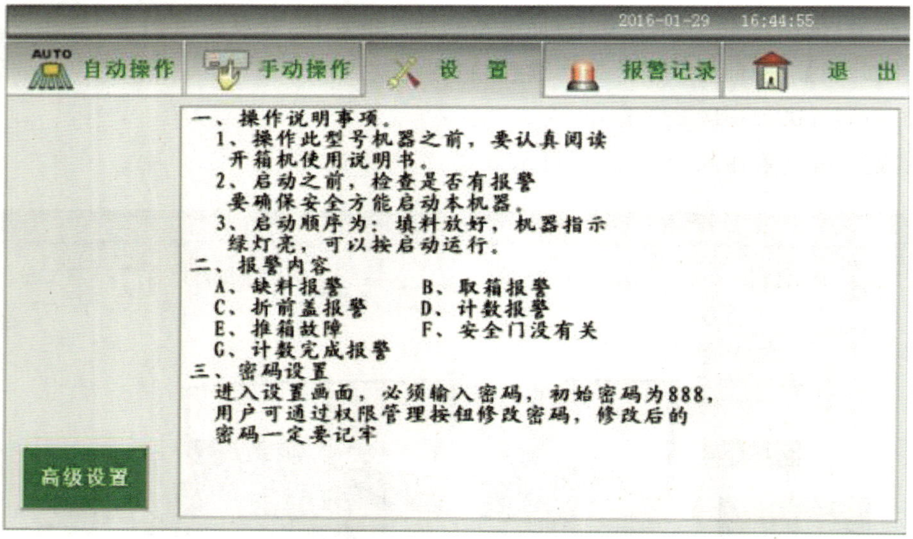

图 11-15　基本设置界面

b. 高级设置界面,如图 11-16 所示。

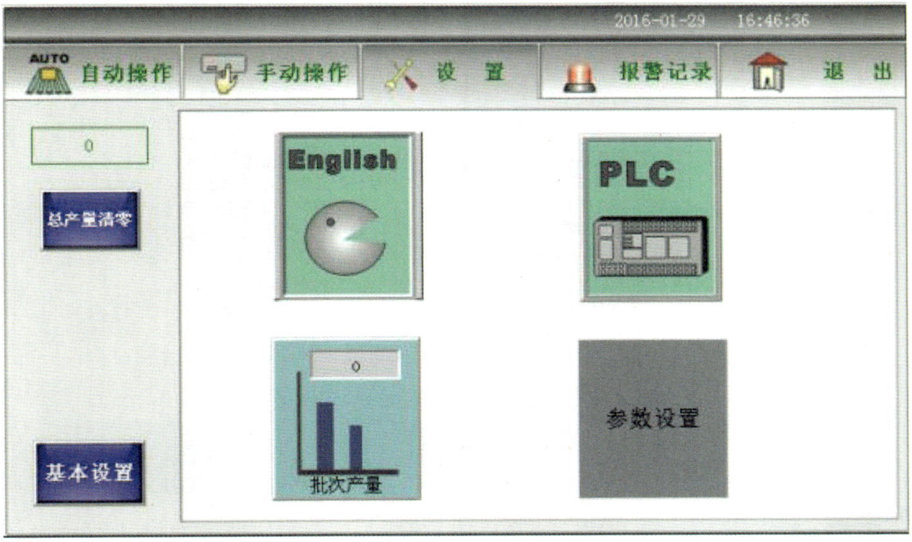

图 11-16　高级设置界面

【English】:进行中英文切换操作。

【批次产量】:点击批次产量图标进入产量设定画面,如图 11-17 所示,可进行批次产量的设定。

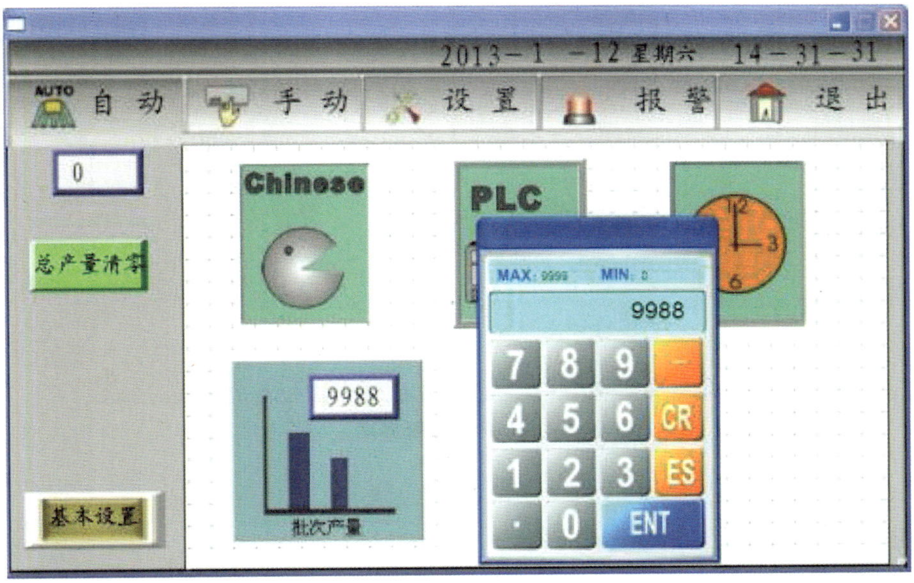

图 11-17　产量设定

c. 点击“参数设置”进入时间参数设置界面,如图 11-18 所示。

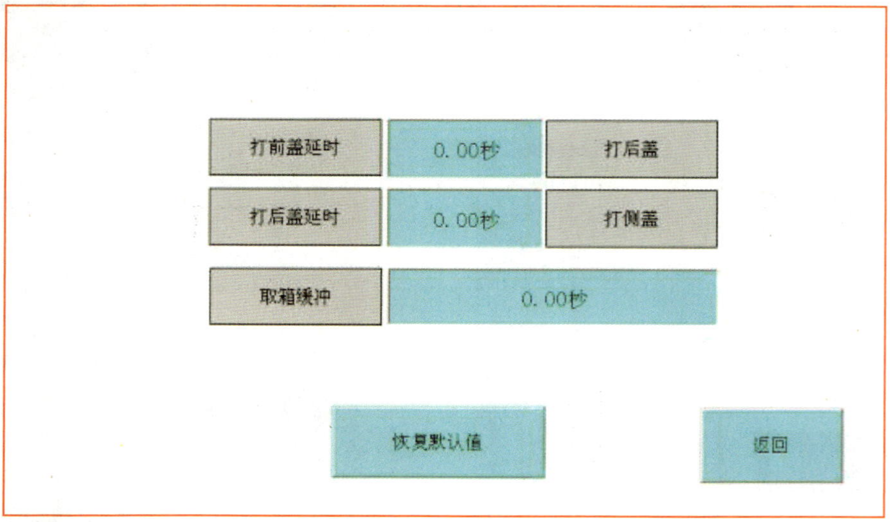

图 11-18　时间参数设置

⑦报警画面，如图 11-19 所示。

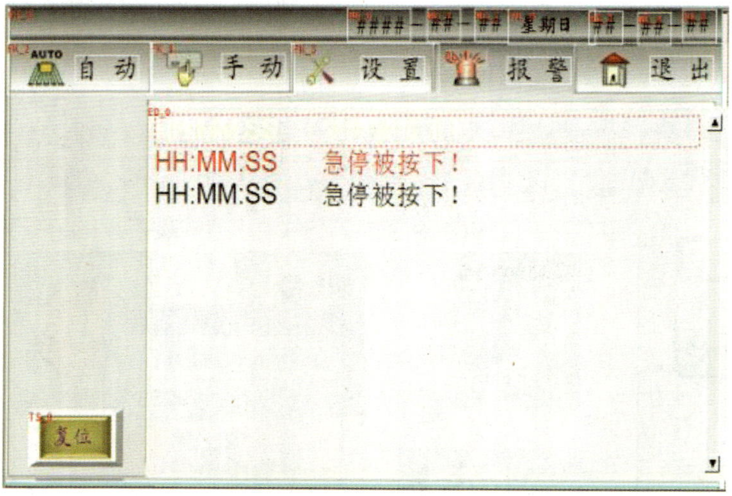

图 11-19　报警界面

(3)气控部分说明

气压配线图，如图 11-20 所示。

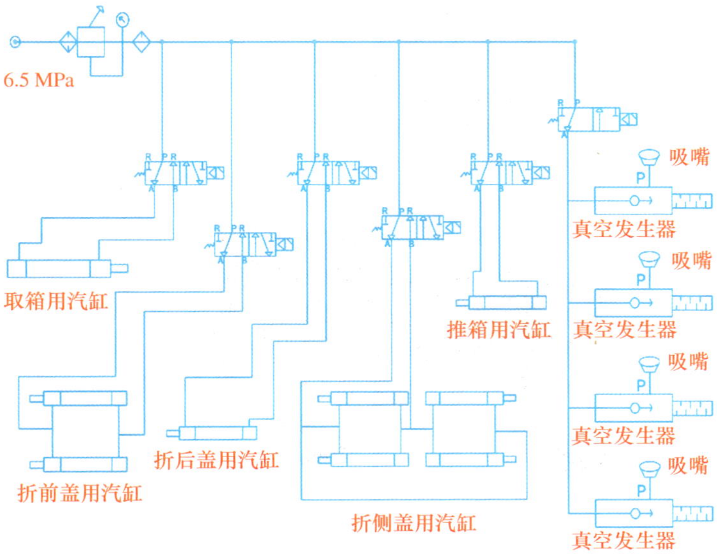

图 11-20 气压配线图

(4)贴带器的操作及调节

①第一步，将新 OPP 胶带卷放入芯轴上；第二步，拉出胶带，绕过滚花转套再沿线绕过轴套；第三步，绕过滚花转轴；最后将胶带穿过黑赛钢内套穿出。如图 11-21 所示。

在整个过程中一定要注意，胶带的黏性面一定要朝外。

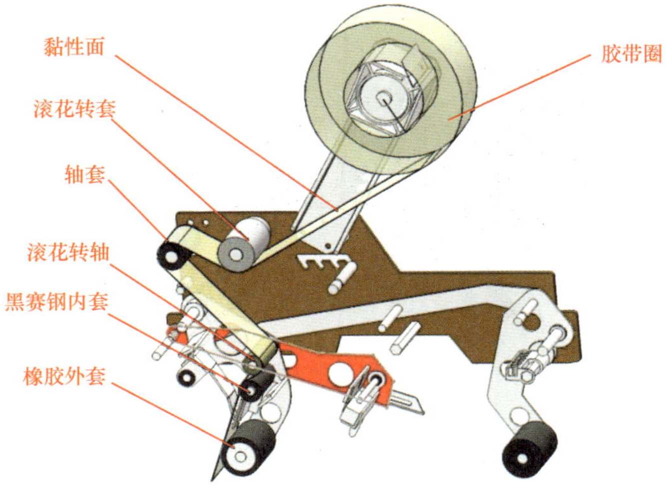

图 11-21 胶带安装图

②胶带位置调整。如果胶带不在箱子的中心线上，须进行调整：松开螺母，然后调整锁紧螺杆，调整胶带位置。如图 11-22 所示。

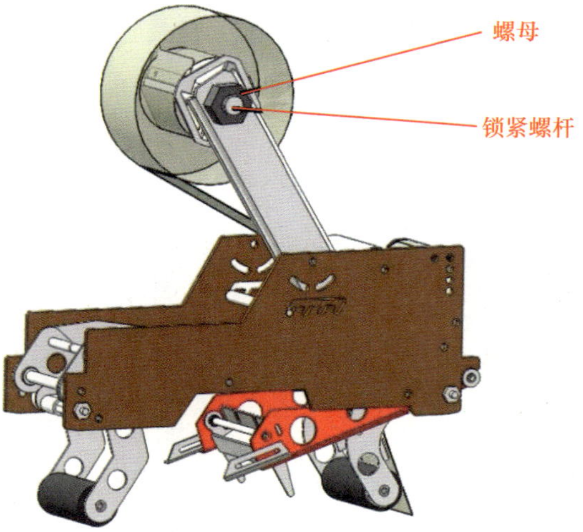

图 11-22　胶带位置调节图

③胶带张力调整。调整固定轴的前后位置，改变摆杆长拉簧的弹力，从而控制胶带张力的大小。如图 11-23 所示。

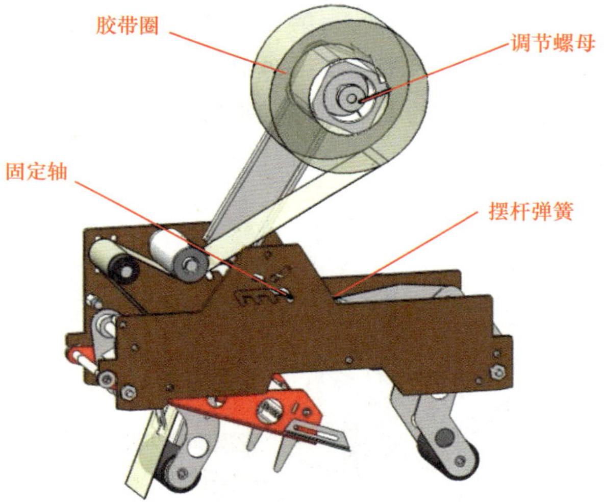

图 11-23　胶带张力调节图

4. 维护要点

(1)气压元件使用与保养最重要的是保证气源的清洁度，故须时时维持气源的清洁。

(2) 提供足够之气源，以确保元件动作，同时将气压设定在 5～6 kg/cm^2。

(3)气压缸。经常擦拭动轴部，以防尘埃渗入活塞，产生漏气情况。

(4)气压管路保养。气压管路拆卸保养，待要装回定位时，必须注意氧管是否有折管情况，若有折管状况时，请迅速将其导顺，以防阻气。

(5)吸盘:保持吸盘清洁,避免沾附油渍。真空产生器须一周清洁一次。

(6)三点组合

①检查油量是否足够,若发现不足时请添加,并采用气压专用油,浓度不可太浓;请勿任意添加其他代用油,以防止气压回路阻塞或故障。

②检查滤水杯,注意经常检视水量是否存积过多,若是积水过多必须排水。

③使用压力调整钮,将气压调至 5～6 kg/cm^2。

(7)在停机或维修作业中,可利用泄压阀将回路中残余的空气排放,以利人员安全。

5.安全注意事项

(1)操作本机前,操作员必须详细阅读使用操作说明。

(2)操作人员在操作本机时,不得将身体部位置于机器运转位置。

(3)维修人员在维修保养前也必须详细阅读本使用操作说明。

(4) 装卸胶带及正常保养或维修时,请务必关闭电源、气源,以确保安全。

(5)非经受过训练之人员,请勿随意靠近或触碰本机器。

二、半自动打包机(以旭田 TD88 为例)

打包机又称捆包机、打带机、捆扎机。下面以旭田 TD88 为例进行介绍。

1.功能

半自动打包机可以实现半自动打包,它是使用塑料打包带缠绕产品或包装件,然后收紧并将两端通过热效应熔融连接的机器。打包机的功用是使塑料带能紧贴于被捆扎的包件表面,保证包件在运输、贮存中不会因捆扎不牢而散落,同时还应使捆扎整齐美观。

2.结构及原理

半自动打包机主要由控制面板、电器盒、打包带卷、机芯等组成。让包装物基本处于半自动捆扎机的中间部位,调整适当的供带长度,机器自动供袋,将捆包带绕过包装物,带头沿着导向槽插入,直至触动工作开关,前顶刀自动上升,将带头压住,随后带子被张紧,另一端被后顶刀压紧,然后中刀上升,将带子切断。与此同时,表面温度约 180 ℃的热刀伸入两层中间,使聚丙稀包装袋表面热熔化,然后热刀迅速退出,中刀上升,继而将捆包装压紧,使接头处焊接牢固,最后中刀、前顶刀、后顶刀下降,将带子释放,完成捆包过程。如图 11-24 所示为旭田 TD88 打包机外形图。

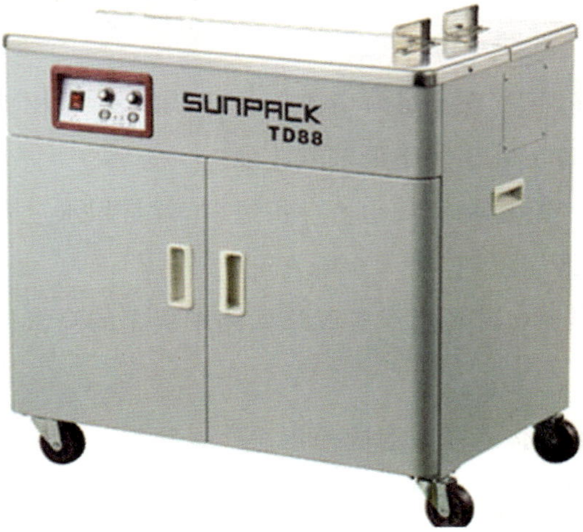

图 11-24　旭田 TD88 打包机外形图

3.操作步骤与规范

(1)控制面板功能键的操作和使用(图 11-25)

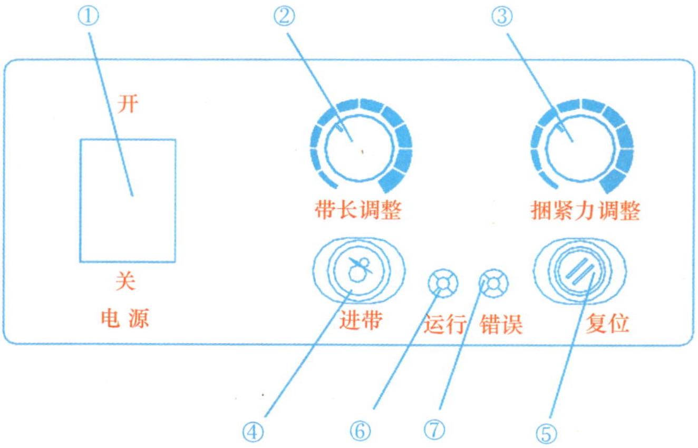

图 11-25　控制面板图

①电源开关。按电源的【开】时,指示灯亮;按【关】时,指示灯灭。

②带长调整。设定打包带的长度,根据待捆扎物的大小来调整。刻度值越大,送带越长;刻度值越小,送带长度越短。

③捆紧力调整。设定捆包物的捆紧力。刻度值增大,捆紧力增大;刻度值减小,捆紧力也变小。

④进带。调整打包带的长度。按下时间越长,送出打包带越长,反之越短。

⑤复位。当机芯不在零位,按此按钮,可使机芯回到初始零位。

⑥运行。指示灯绿色闪烁为烫头加热,绿灯常亮为运行正常工作状态。

⑦错误。红灯闪烁为检测无信号或信号错误，红灯常亮为电机超过负荷，系统进入过流保护状态。

(2)电器盒功能键的操作和使用

电器盒上表面功能键见图 11-26。

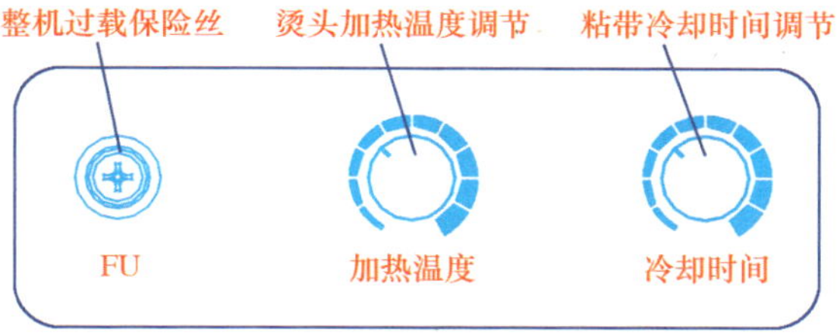

图 11-26 电器盒上表面功能键图

①整机过载保险丝 FU

位于电控箱上表面左侧第一个黑色圆形保险丝座，该保险丝使用的是 ϕ6.3×32 mm，6.3 A/250 V 慢熔断保险丝，它为整机提供过载保护；过载时，一定要先排除故障后，方可重新装入熔断丝通电使用。

②加热温度

此旋钮电器用于调节烫头的温度，顺时针选择调节按钮，刻度值变大，烫头温度越高；逆时针旋转调节按钮，刻度值变小，烫头温度越低。

③冷却时间

此旋钮电器用于调节粘带的冷却时间，电位器逆时针旋转至最小时，冷却时间关闭，顺时针旋转电位器可打开冷却时间功能，刻度值越大，烫带后冷却的时间越长。

(3)打包带卷的安装

打包带卷的安装见图 11-27。

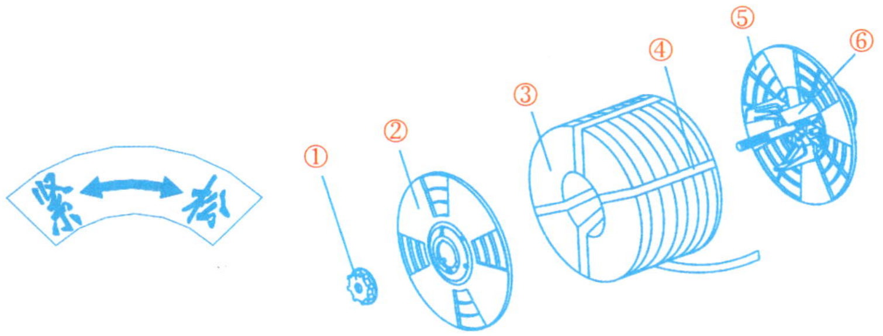

图 11-27 打包带卷的安装图

a. 将带盘固定手柄①顺时针旋转并取下，再取出外侧带盘②。

b. 打包带卷③的打包带端部的绕向为逆时针方向，然后插入内层带盘⑤的中心，引导至带卷支撑爪⑥上。

c. 用外侧带盘②夹住打包带卷，逆时针方向旋转手柄①进行固定。

d. 最后剪断用来固定打包带的捆扎带子④。

(4)穿带方法

a. 按下控制面板⑤上的电源开关，使电源开关指示红灯点亮，接通电源。

b. 按控制面板⑤上的复位按钮，保证机器的零位。

c. 如图 11-28 所示，向右拉进带口手柄①，将打包带从进带口导轮支架④的两滚轮之间插入，穿至②和③的进带轮组之间后松开进带口手柄①，使进带轮组夹住，松开打包带。

d. 按控制面板⑤上的进带按钮，使打包带进带到合适长度。

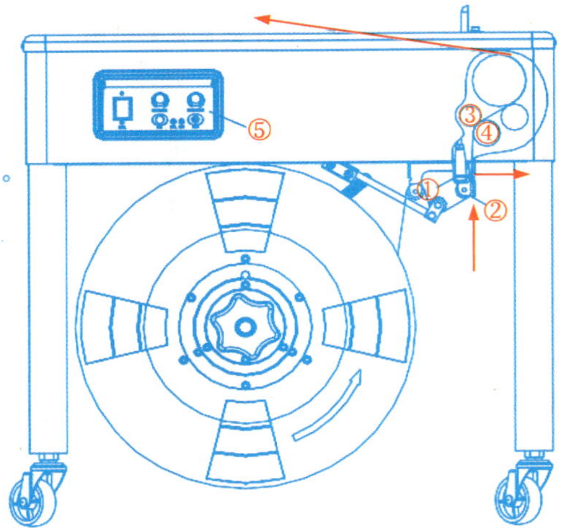

图 11-28　穿带示意图

(5)使用不同宽度打包带的调整方法

打包带的宽度不同时，需要做以下调整(图 11-29)。

a. 拧松螺钉⑥，取出插带调节块①和上导带槽组件②。

b. 拧松下导带槽盖板③上的两颗螺钉，移动被夹着的下导带槽调节板④，使打包带通过槽的宽度(A)比打包带宽度宽 1～2 mm，调整好后拧紧螺钉固定。

c. 拧松调节块①上的螺钉，移动调节块①，使打包带通过槽的宽度(B)比打包带宽度宽 0.5～1 mm，调整好后拧紧螺钉固定。

d. 拧紧螺钉⑥，将插带调节块①和上导带槽②固定在机芯上。

e. 拧松带宽调整块⑤上的固定螺钉⑦，移动带宽调整块⑤，使打包带通过槽的宽度(C)比打包带宽度宽 1～2 mm，调整好后拧紧螺钉固定。

f. 试打带，检查打包带重叠粘结整齐度，打包带上下粘结如果相差超过 1 mm，此时应重新松开螺钉⑥进行前后微量移动，直至调整到理想状态。

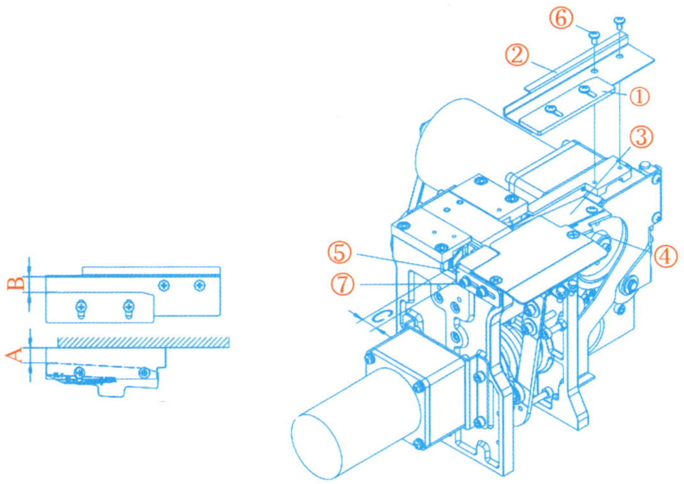

图 11-29 不同宽度打包带调整示意图

(6)捆包的操作

捆包的操作方法见图 11-30(参考图 11-25)。

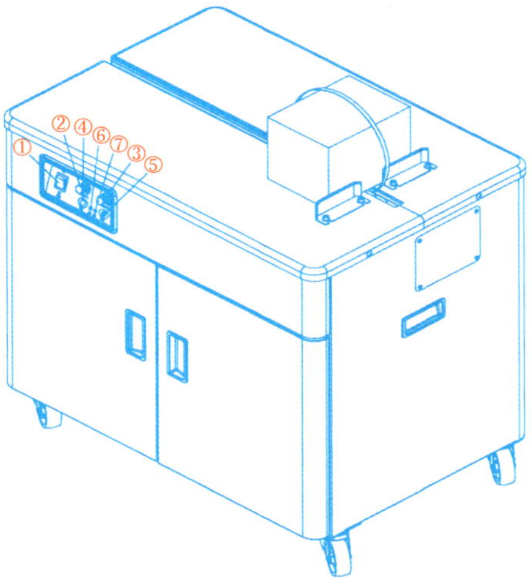

图 11-30 捆包操作示意图

a. 打开电源开关①后，大约 30 s，热刀上升到预定温度，机器可以正常使用。

b. 调整捆紧力调整旋钮③来设定合适的捆紧力。

c. 把捆扎物放在捆扎机上面，拿着打包带端部，沿着右侧导带槽插入，直至碰到机芯内带头触片，机器启动将打包带收紧在物品上，即完成了捆扎作业，随后机器自动送出设定量的带子。

d. 通过调整送带旋钮②的刻度来设定所捆物品所需打包带的长度，设定时以比捆包物的周长长 20 cm 左右为宜。

4. 维护要点

(1)需要清洁调整的部位有上滑板、微开关凸轮、前顶刀及中刀。

(2)定期进行机器的保养与润滑，注意保持机器干燥，不可淋雨，不可在上面放置有水分的东西。根据部件的不同，一周或三个月或两年保养一次。送退带滚轮、皮带、打滑片及周围、齿轮不得加油。

(3)维护人员需要戴好网帽，机器运转时严禁将手伸入机器中。

5. 安全注意事项

(1)安装注意事项

①机器的电源线应放置在不易被碰到的地方。因电线破损或断线时容易发生触电事故。

②电源线应配置在运动部件接触不到的地方。如电线与运动部件接触，电线的外皮容易破裂，有触电危险。有破损发生时应及时更换。

③机器应放置在接触不到油和水的地方。

④机器不可以放在低温仓库或温度变化剧烈的场所，因为机器内部的电器元件容易结冰、结露而引发触电、漏电等故障的发生。

⑤请将机器放置在环境温度为 0 ～40 ℃的场所。在低温环境下，内部电器件容易结冰、结露而引起触电、漏电事故。温度太高也易发生故障。

(2)使用注意事项

①机器在运转时绝对不能打开上盖板。如接触到驱动部位，则有受伤的可能。

②机器在运转中不要用手去触摸外露的运动部件，因为有可能被夹住而受伤。

③机器在运转时不要卸下安全保护罩、操作面板等。

④不要触摸机器正在转动的部位，因为有被卷入受伤的可能。

⑤机器在运转中不要触摸加热器及周边，高温的加热器会造成烫伤。

⑥运转中手和手指不要放入打包带圈中。因为有可能被打包带夹住而受伤。

⑦在雨天有雷时，切断电源，拔掉插头，停止使用机器。因为雷击可能会引起内部的 IC 电路基板的破损。

⑧放在本机器上的商品，重量应保证在 80 kg 以下。

⑨在往本机器上放或取商品时，轻拿轻放，不要有大的冲撞现象。

⑩对机器的修理、调整，应让对机器比较懂的人来进行。

⑪不要使用本书记载以外的操作方法、材料、工具等。

三、自动装箱机

1. 功能

自动装箱机是一种将无包装的产品或者小包装的产品自动装入运输包装的设备，其工作原理是将产品按一定排列方式和定量装入箱中(瓦楞纸箱、塑料箱、托盘)，并把箱的开口部分闭合或封牢。按照要求，装箱机应具有纸箱成形(或打开纸箱)、计量、装箱的功能，有些还应具有封口或者捆扎功能。

2. 结构及原理

自动装箱机由皮带输送机、分离装置、整列装置、间隙输送填充装置、成箱及喷胶装置等组成，各装置都安装在同一主机架上。成箱装置的箱坯架在上方，充填装置在成箱装置正下方，整列装置在充填装置的前方，封箱装置在充填装置的后方。

(1)皮带输送装置　包括二条平皮带输送。一条输送带入口与上道工序相连，另一条输送带与包装箱相连。

(2)分离装置　包括分离装置框架组件、上皮带组件、下皮带组件、上过渡辊组件、下过渡辊组件、宽度调整组件、高度调整组件。分离器装置中的宽度调整组件固定在分离装置框架组件的底部，其他各组件固定在分离装置框架组件的侧板上。

(3)整列装置　包括驱动及框架组件、小料槽组件、推面运动组件、导向机构组件。小料槽组件、推面运动组件、导向机构组件分别安装在整列装置的框架组件上，整列装置与间隙输送填充装置相连。

(4)间隙输送填充装置　包括框架组件、输送及驱动组件，输送及驱动组件固定在框架组件上。

(5)装箱机中成箱及喷胶装置　包括箱坯架、下纸箱组件、填充门组件、输送框架组件、顶折身组件、封箱组件、输送传动组件。成箱及喷胶装置中的各组件分别固定在框架组件上。

3. 操作步骤与规范

(1)生产前准备、设备开机准备、物料准备、设备零位准备。

①生产前应将振动机、整形机、理袋机准备就绪。

②将菜袋输送定位系统伺服回原点。

③将真空打开。

(2)操作主界面如图 11-31 所示，操作步骤如下。

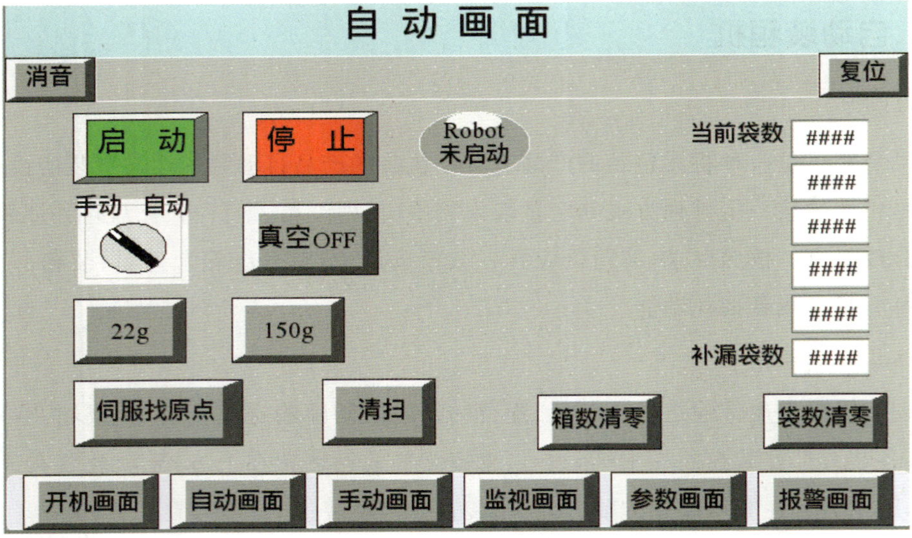

图 11-31　装箱机操作主界面图

①上电，设备选择手动。

②伺服找原点。

③打开真空。

④箱数清零。

⑤袋数清零。

⑥参数画面：如图 11-32 所示，点击“关闭 1＃理袋机”、“关闭 2＃理袋机”选择打开所需使用的理袋机，进入延时设置，如图 11-33 所示。

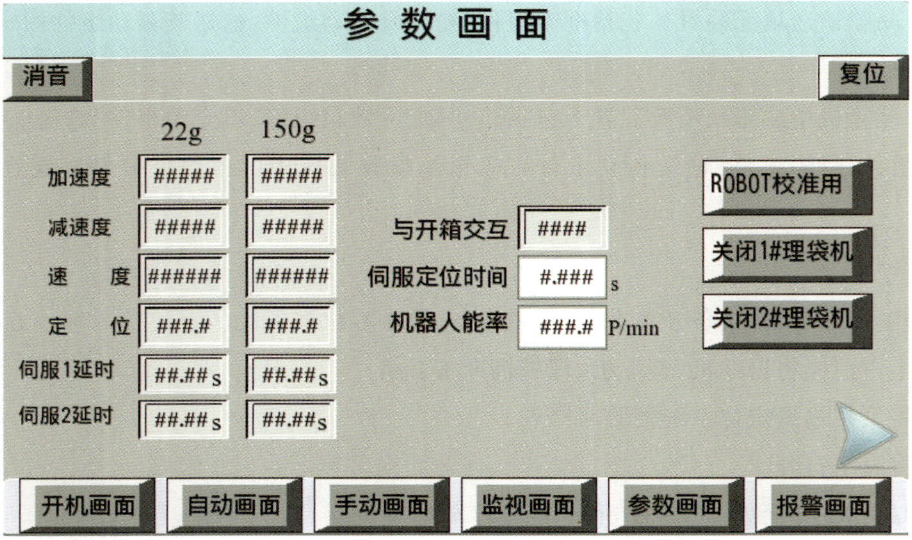

图 11-32　参数设定界面图

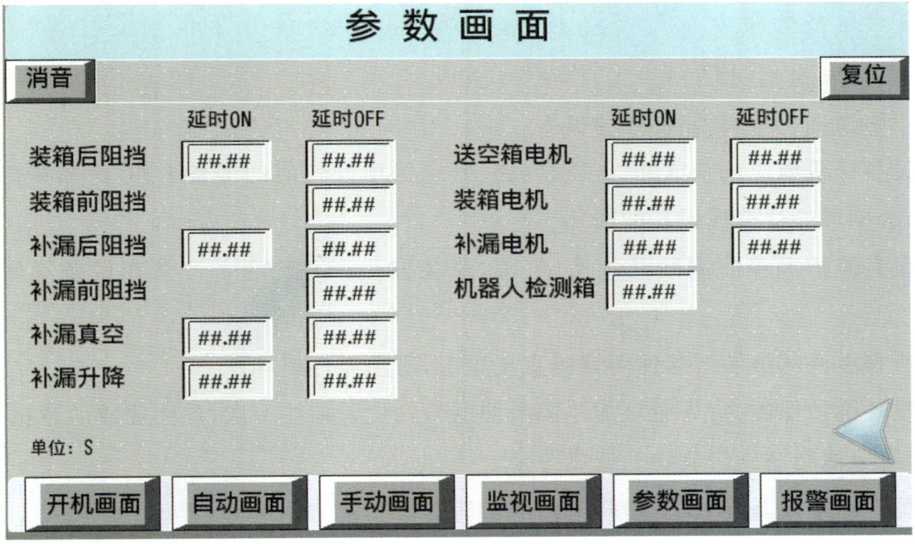

图 11-33　延时参数设定界面图

⑦设备选择自动。

⑧启动。

(3)生产中故障检查和排除

检查驱动部件是否损坏或松动，空气压力是否正常，辅助装置过滤器内的冷凝水是否适当。

(4)生产后物料回收、设备关机

①当生产结束后可点击屏幕的“清扫”功能，设备会将当前菜袋输送定位系统上的菜袋自动装箱，完成清扫收尾。

②将设备调至手动状态。

③关机。

4. 维护要点

(1)经常检查设备的润滑状况，按期加注机油或油脂，确保设备润滑部位的正常运转。加注部位：①减速机注油口；②真空泵注油口；③输送机轴承注油口。加注后清洁设备表面。

(2)开机前检查气压、真空是否已开启，压力是否达到设定值

(3)检查电路是否正常，有无接线处松动情况；线路外层保护有无损坏情况。如有，及时汇报主管人员，加以维修。

(4)设备出现以下问题时及时断电：①有异味；②有打火现象；③设备运转有明显的减速现象，并发烫；④有异常噪声；⑤有电线脱落情况；⑥有漏油情况。

5.安全注意事项

(1)机械安全知识

①未经培训,人员禁止操作该设备。

②设备开机前应检查电路、电压、气路、气压等项操作前的准备工作,严禁未经检测直接开机,否则可能会造成设备的损坏。

③设备维护保养前应断开电源、气源,避免发生人身伤害。严禁在设备运转中维修设备。

④所有零件的拆装严禁使用铁锤直接敲击,避免零件损坏。

⑤设备维护保养,每周对该加注润滑油(脂)的位置加注一次,加注完成后擦拭表面,使其清洁,避免油脂沾到包装物上造成污染。

⑥每日擦拭设备,使设备始终保持清洁状态。

⑦清洁设备时严禁直接对设备喷洒水,避免水进入电器内部,造成短路。

(2)电气操作安全知识

①非电气专业人员远离配电设施。

②不得接触设备的电气部位。

③清洗设备时必须切断设备电源。

④不得湿手操作电气设备。

⑤手持带电设备或检修带电设备时必须使用防护用具(绝缘手套和绝缘鞋)。

⑥不得随意乱动或私自修理设备内的电气设备。

⑦经常接触和使用的配电箱、配电板、闸刀开关、按钮开关、插座、插销以及导线等,必须保持完好,不得有破损或带电部分有裸露。

⑧不得用铜丝等代替保险丝,保持闸刀开关、磁力开关等盖面完整,以防短路时发生电弧或保险丝熔断飞溅而伤人。

⑨经常检查电气设备的保护接地、接零装置,保证连接牢固。

⑩在移动电气设备时(如电风扇、照明灯、电焊机等),必须先切断电源,并保护好导线,以免磨损或拉断。

⑪在使用手电钻、电砂轮等手持电动工具时,必须安装漏电保护器,工具外壳要进行防护性接地或接零。移动工具时,要防止导线被拉断。操作时应戴好绝缘手套并站在绝缘板上。

四、机器人码垛机

1. 功能

机器人码垛机是结合了人与机器各自具有的特长而生产出的一种模仿人的智能机械，主要应用于纸箱、塑料箱、袋子等物料的码垛和搬运。

2. 结构及原理

机器人码垛机主要由垛盘输送系统、机械主体、伺服驱动系统、手臂机构、末端执行器（抓手）、末端执行器调节机构以及检测机构组成，按不同的物料包装、堆垛顺序、层数等要求进行参数设置，实现不同类型包装物料的码垛作业。

(1)垛盘输送系统

将空托盘放置于一级空托盘区后启动设备，机器人将空托盘输送至二级空托盘存储区，设备自动将最底层的一空托盘输送至三级码垛区，并发送给码垛机器人允许码垛信号，待码垛机器人将整盘托盘码满（8 层）后，收到码垛机器人码垛完成信号后，设备自动将满垛托盘输送至四级满托盘卸料区，并同时从二级空托盘存储区自动输送一空托盘至三级码垛区，依次循环。

(2)码垛机器人

码垛机器人接收到箱体输送系统发送过来的允许取箱信号后，从原点运行至箱体抓取位置后抓取满箱，再运行至码垛输送线，待接收到托盘输送系统发来的允许码垛信号后，将箱体依次放置于托盘上，待整盘托盘码满（8 层）后，发送码垛完成信号给托盘输送系统，依次循环。

3. 操作步骤与规范

(1)操作流程

①生产前准备、设备开机准备、物料准备、设备零位准备。

②生产前应准备多个空托盘，并将空托盘放置于托盘输送系统一级空托盘区。

③将码垛机器人手动移动至原点位置。

④选择生产的产品类型。

⑤选择当前托盘上码垛的层数/个数。

(2)操作方法

①接通电源。

②打开开关。

③进入操作界面（图 11-34），设置参数，启动运行。

④生产后：物料回收、设备关机。

⑤当生产结束后可点击屏幕的“托盘停止”功能，设备会将当前码垛的托盘自动输送至四级托盘卸料区。

⑥将机器人调至手动状态并回原点。

⑦将输送系统调至手动状态。

⑧关机。

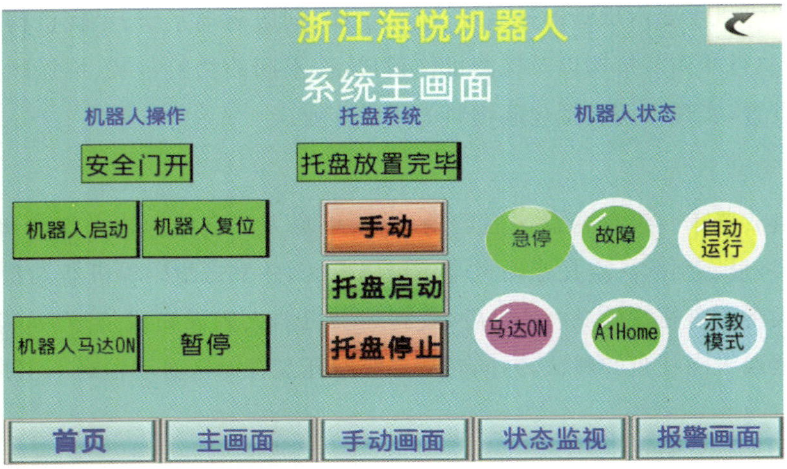

图 11-34　机器人码垛机操作界面

4. 维护要点

(1)设备维护保养，每周对该加注润滑油(脂)的位置加注一次，加注完成后擦拭表面，使其达到清洁，避免油脂沾到包装物上造成污染。

(2)每日擦拭设备，使设备始终保持清洁状态。

(3)清洁设备时严禁直接对设备喷洒水，避免水进入电器内部，造成短路。

5. 安全注意事项

(1)机械安全知识

①未经培训人员禁止操作该设备。

②设备开机前应检查电路、电压、气路、气压等项操作前的准备工作，严禁未经检查直接开机，否则易造成设备的损坏。

③设备维护保养前应断开电源、气源，避免人身伤害。严禁在设备运转中维修设备。

④所有零件的拆装严禁使用铁锤直接敲击，避免零件损坏。

(2)电气操作安全知识

①非电气专业人员远离配电设施。

②不得接触设备的电气部位。

③清洗设备时必须切断设备电源。

④不得湿手操作电气设备。

⑤手持带电设备或检修带电设备时必须配备好防护用具(绝缘手套和绝缘鞋)。

⑥不得随便乱动或私自修理设备内的电气设备。

⑦经常接触和使用的配电箱、配电板、闸刀开关、按钮开关、插座、插销以及导线等，必须保持完好，不得有破损；带电部分不得裸露。

⑧不得用铜丝等代替保险丝，保持闸刀开关、磁力开关等盖面完整，以防短路时发生电弧或保险丝熔断飞溅伤人。

⑨经常检查电气设备的保护接地、接零装置，保证连接牢固。

⑩在移动电气设备时(如电风扇、照明灯、电焊机等)，必须先切断电源，并保护好导线，防止磨损或拉断。

⑪在使用手电钻、电砂轮等手持电动工具时，必须安装漏电保护器，工具外壳要进行防护性接地或接零；移动工具时，要防止导线被拉断，操作时应戴好绝缘手套并站在绝缘板上。

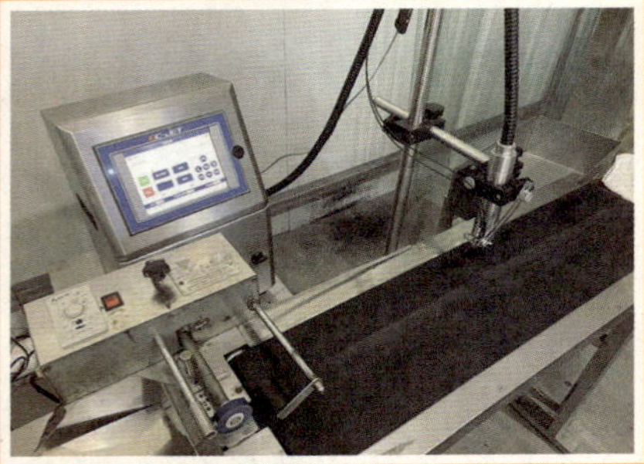

任务十二

喷码设备的使用与维护

喷码设备是在包装盒表面标识喷码的设备。食品产品外包装上需要标识生产日期、批次号、中英文、条码等。喷码内容为一维条码、二维条码、数据库、日期、时间、图片、LOGO、批号、防伪码、班别和流水号等，喷码机使产品具有可追溯性、防伪、防窜货等功能，是贯彻卫生法和促进包装现代化的有力设备。目前常用的喷码机分为油墨喷码机和激光喷码机。

一、油墨喷码机

1. 结构及原理

油墨喷码机如图 12-1 所示，主要由工控电脑组件、正负压系统、墨路系统、触发模块组件、通信电缆、喷头组件等组成。它通过喷嘴发出的墨线，经过高压偏转板进行墨滴的分裂、充电、偏转飞行，然后从喷头处射出，分别打在产品表面不同位置，形成所需的各种文字、图案等标识。

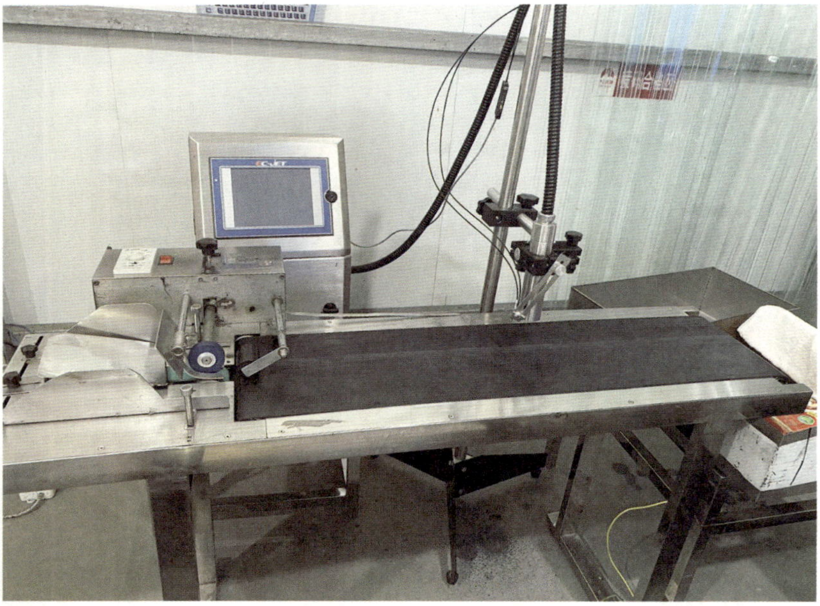

图 12-1　油墨喷码机

2. 操作步骤与规范

以众拓 ZT-108 喷码设备为例。

(1)在启动设备前，必须先确认所有按钮及保护装置处于预先设定的状态(图 12-2a)。

(2)通过“主菜单栏”点击“喷印”进入喷印界面。喷印界面由功能区、数据库显示区、状态显示区、操作记录等组成(图 12-2b)。

(3)点击绿色按钮“START”进入喷印模式，正常服务端会自动控制喷印，调试时才会用手动操作；当不需要喷印时，点击红色按钮退出喷印模式。

(4)可调整每一个模板内模组喷印内容的喷印位置，当前设置后点击“应用”即可生效。如软件关闭后重启，设置将归零。

(5)选择需要延时的模组和模组需延长的距离(mm)。

(6)显示机器的供墨情况，分供墨保护时间、二级供墨状态、供墨保护状态和负压状态 4 部分。可以自行设置供墨时间，最长供墨时间为 25 s(图 12-2b)。

(7) 二级供墨状态：在二级墨盒墨水不足的情况下，对应的模组会变成红色，而正常情况下是绿色。供墨保护状态：可以看到该机器的供墨状态是否正常，不正常会变颜色。

(8)在操作过程中，如要跳过数据中某一段序列号时，则需先到“系统设置”中选中“允许喷印起始序号任意修改”，就可通过此功能进行设置。

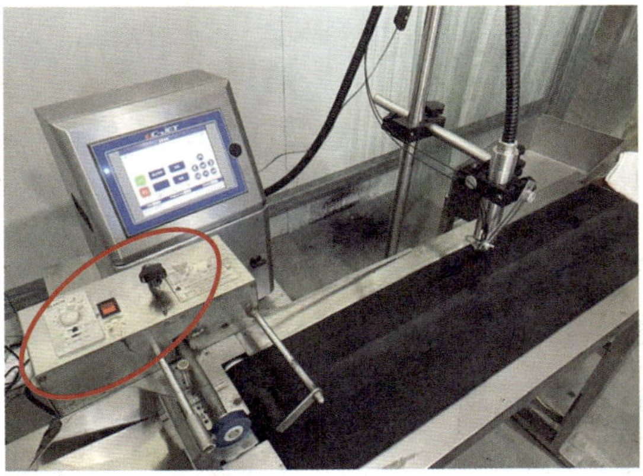

a. 油墨喷码机操作步骤与规范1

b. 油墨喷码机操作步骤与规范2

图 12-2 油墨喷码机操作步骤与规范

3. 维护要点

(1)若长时间不使用设备，则务必在 10 d 内按照正常流程进行喷印测试，防止喷头长时间不使用出现故障。

(2)清洗喷头时，要抬起喷头组件并用喷头组件固定栓固定，防止喷头落下，然后将墨水操作盘放置在喷头组件下方，按下喷头组件上的压墨按钮，一边压一边观察喷头组件下方的喷头表面，直到有连续的墨滴滴下。

(3)检查喷头组件盖是否干净，不干净需要用无纺纸擦拭干净。不用时盖上喷头组件盖。为了保证设备正常工作，需要定期检查供墨系统的状态，保证管路不漏液或不漏气。

（4）当大墨瓶报警时表示墨水即将用完，需要向大墨瓶中加注墨水。

4. 安全注意事项

（1）在确定电源关闭的条件下，方可打开电器机箱更换零配件。

（2）油墨对皮肤具有刺激性，当皮肤意外接触到后应尽快用水清洗；如眼睛接触到，除了尽快用水清洗外，应立即到医院进行检查。

（3）设备的使用耗材由喷码房班组长领取，由喷码机维修工定时检查、添加，不得出现因为领用或者添加不及时造成报警停机现象。

（4）由于油墨属于易燃易爆物品，因此机腔内要保持清洁。

（5）喷码机的电源线严禁与大功率、强干扰的设备混接在一起。

（6）设备运行中出现日期残缺或日期不清晰时，操作人员应首先通知班组长检查喷印条件是否正确，确定无误后通知维修工进行维修。

二、激光喷码机

1. 结构及原理

激光喷码机主要由激光器（激光管）、偏振镜系统、电源控制系统、软件操作使用平台等组成。激光喷码机通过程序软件偏转激光束，利用激光的高温直接烧灼需标识的产品表面，形成字体或图案。如图 12-3 所示为激光喷码机。

a　　　　　　　　b

图 12-3　激光喷码机

2. 操作步骤与规范

以紫外激光打码机 LS-8005 为例。

(1)开机　操作顺序为:接通电源→打开排风扇→打开设备电源开关(图 12-4a)。

(2)先在系统页开启激光,在操作页编辑日期文档和速度等参数(图 12-4b)。

(3)打标:在设定页选定自动间隔时间选项,接着在雕刻页点“开始打标”(图 12-4b)。

(4)试运行分页机打标,检查喷印位置和质量,不合格时,点“取消打标”,返回到操作页调整好各种参数,再在雕刻页点“开始打标”,开始喷码作业(图 12-4c)。

(5)喷码日期完整,字体清晰易见,大小适中,不能出现缺笔,拖尾、倾斜等(图 12-4d)。

(6)关机　点“取消打标”,回到系统页,点“关闭系统”,关闭设备电源→关闭排风扇→关闭总电源(图 12-4e)。

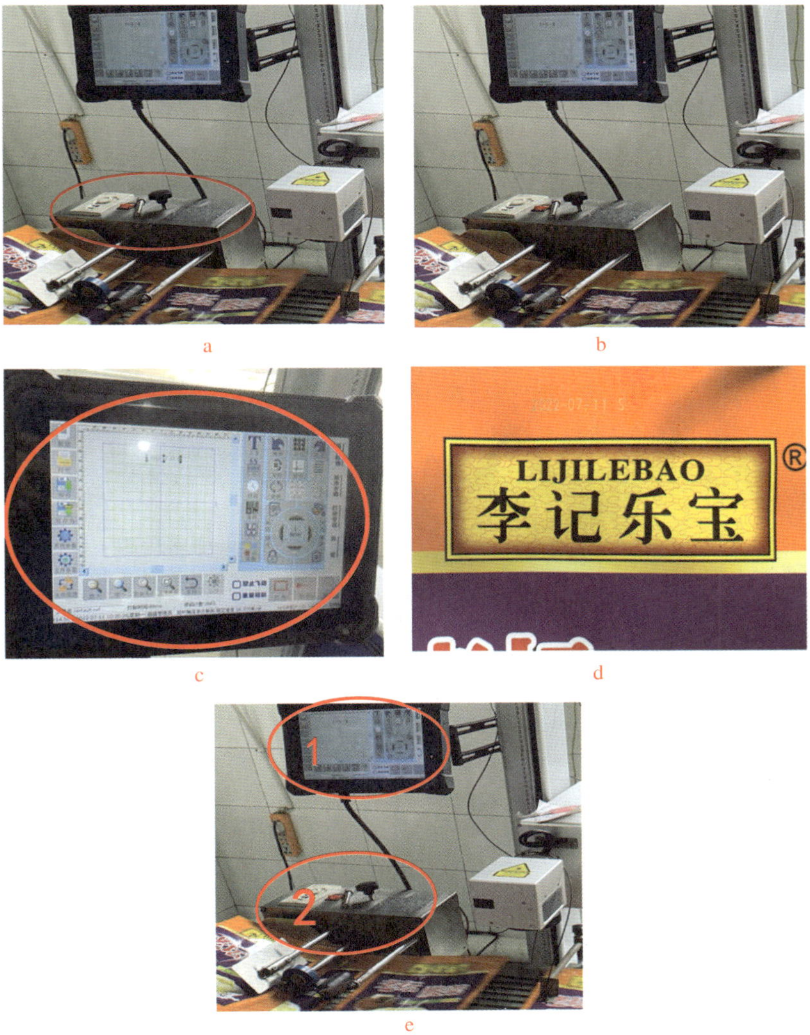

图 12-4　激光喷码机操作步骤

3. 维护要点

(1)清洁激光器表面,保证干净、干燥(干净抹布擦拭)。

(2)清洁场镜,保证干净、干燥(棉签蘸酒精画圆清洁、无尘布擦拭)。

(3)控制屏清洁,无水汽、油污(干净抹布擦拭)。

(4)冷水箱液体更换(蒸馏水、纯净水),严禁使用自来水和矿泉水。

4. 安全注意事项

(1)操作时不得把头或是身体的任何部位暴露在激光工作区域。

(2)使用过程中须严格执行开关机操作顺序。

(3)严禁在开机状态下用眼睛直视激光,以免造成伤害。

(4)严禁易燃易爆物品,如酒精、汽油及容器等靠近本设备。

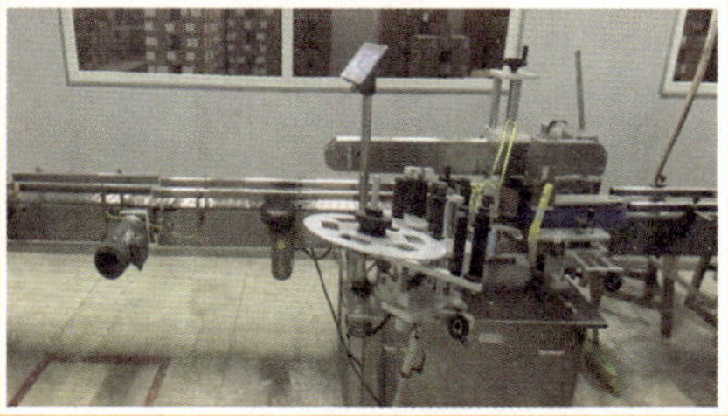

任务十三

贴标机的使用与维护

1. 功能

食品厂家需要在食品产品的外包装标明产品的名称、成分等，同时也要宣传推广产品，这都需要贴标签。贴标机械是一种将标签按照人工预订的位置进行贴标，从而达到包装目的的一种机械装置。贴标机械可提高产品贴标的贴附效率，贴附位置准确、质量好、稳定性高，降低了人工成本，可提高产品标识美观度，提升产品综合竞争力。贴标机是现代包装企业不可缺少的设备。

2. 结构及原理

以上海质瑞 ZR-DL/SL/HL 型全自动上糊式贴标机为例。

瓶装在线贴标机主要由自动控制系统、真空盒、贴杆、标签盒、脱标爪、送瓶器等组成。本机在设计上采取先以贴杆，经橡胶轮蘸取少许的胶，而后至标签盒处粘取一张标签，将标签带到真空盒的位置由脱标爪钩取，同时将标签传送至真空盒皮带上，利用真空盒内的吸力使标签附着在真空盒皮带上，进入贴附处，将标签贴附在由送瓶器供应的瓶子上。图 13-1 为瓶装在线贴标机，图 13-2 为贴标机结构简图。表 13-1 为贴标机结构各部名称及功能简介。

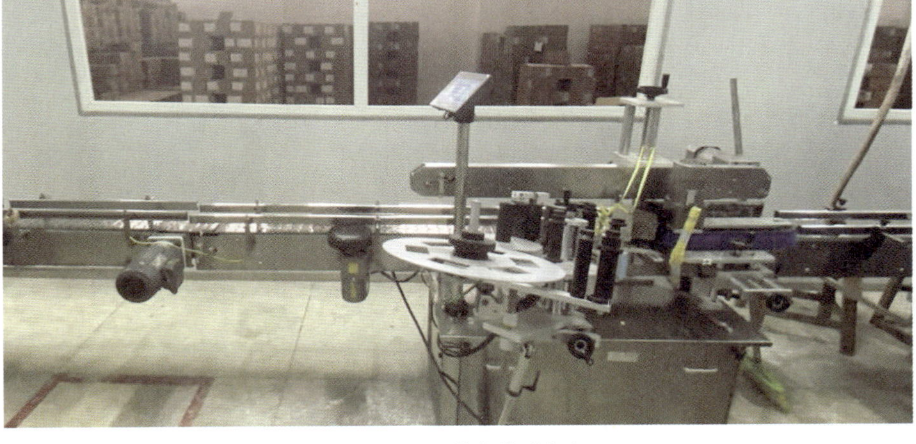

图 13-1　瓶装在线贴标机

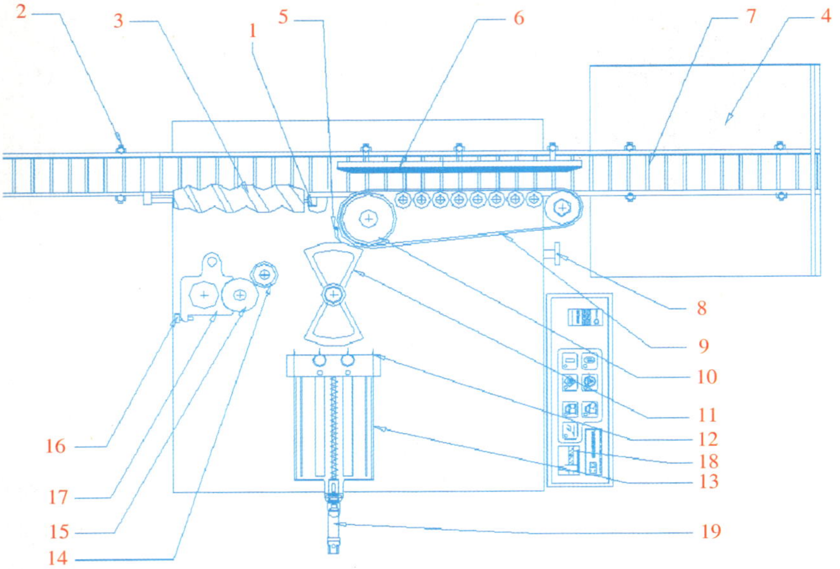

图 13-2　贴标机结构简图

表 13-1　贴标机结构各部名称及功能简介

编号	各部名称	功能
1	螺旋进瓶座	支撑进瓶螺旋
2	护栏板	依瓶子大小调整，使瓶子排列输送顺畅
3	进瓶螺旋	整理瓶子，依次送入贴标
4	工作桌	依客户的需要配制，存放已完成贴标的瓶子
5	脱标爪	将贴附在贴杆上的标签钩出来，同时给予真空盒吸着
6	海棉板	与真空盒皮带合作使用，压紧瓶子使瓶子旋转，且能贴紧标签
7	输送带	输送瓶子
8	手动轮	转动时，机械各部均能动作；通常在调整后确认正常与否时使用
9	真空盒皮带	皮带有排列的孔，可吸住标签，而且能使瓶子转动
10	真空盒	利用轮盒外缘的吸孔，呈吸气状吸住标签
11	贴杆	呈圆的旋转附有上胶、取标及将标签输送至真空盒皮带的任务
12	标签爪	夹标签用
13	标签盒	放置标签
14	橡胶轮	使浆糊辊轮的胶能经由此轮赋予贴杆，并呈均匀薄膜状
15	浆糊辊轮	将槽内的浆糊少许带出，附着在此轮上

续表 13-1

编号	各部名称	功能
16	浆糊流量调整螺丝	调整浆糊流量
17	浆糊槽	放置浆糊
18	控制面板	按钮式操作机器
19	送标气缸	控制标签送标或不送标

3. 操作步骤与规范

（1）检查电源线路是否完好，电源箱线路接头是否完好，有无裸露现象，接地线是否完好无损（图 13-3a）。

（2）检查机器摆放是否平稳，设备有无晃动现象（图 13-3a）。

图 13-3a 检查是否平稳

（3）将标签通过推标杆放置在贴标槽内，将胶水放置在胶水槽内备用（13-3b）。

图 13-3b 放置胶水

(4)将红色电源开关顺时针旋转至水平位置,打开电源(13-3c)。

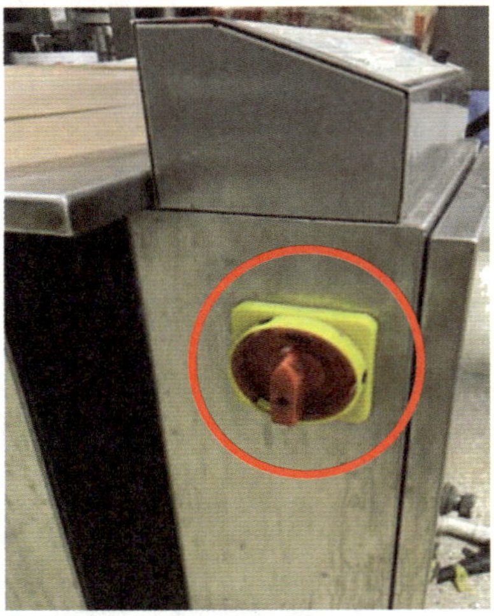

图 13-3c　打开电源

(5)顺时针旋转转速按钮,根据需要调节为 40～50(13-3d)。

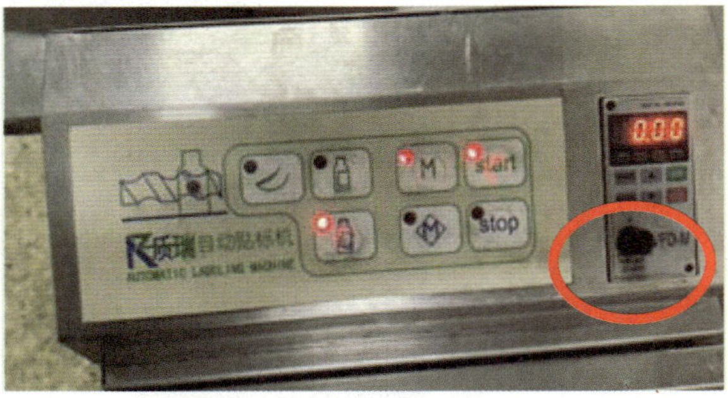

图 13-3d　调节转速

(6)依次打开"start"和"M",设备开始正常运转(13-3e)。

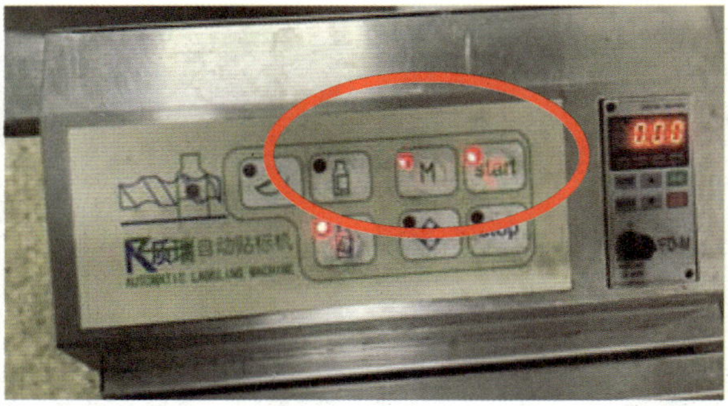

图 13-3e　启动

(7)使用完成后关闭电源开关(13-3f)。

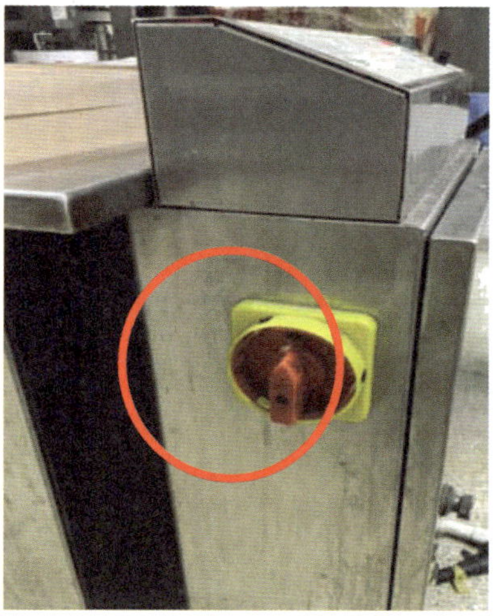

图 13-3f 关闭电源

4. 维护要点

(1)注意在使用过程观察有无异响、异味、震动等现象。

(2)检查转盘、传送带磨损情况。

(3)查看易松动机器零件情况,发现有松动的,应及时紧固。

(4)电源箱线路接头必须完好,无裸露现象,接地线必须完好无损.

(5)注意保持设备的清洁。

(6)对部件加润滑剂时,避免使用非专用润滑剂,否则会影响设备的使用寿命。

5. 安全注意事项

(1)操作过程中如遇电源故障或中断,应立即停机,并实施安全保护措施。

(2)使用过程中若遇故障,应停止使用并立即报告车间主管领导;及时做好故障情况记录。除采取必要的安全措施外,禁止非专业人员擅自拆卸。

(3)工作完毕,应关闭水、电。另有特殊规定者除外。

(4)工作结束后,使用人应及时恢复设备至待用的正常状态,并做好设备及所在场所的清洁工作。

(5)设备移动位置时,必须先切断电源,不得在转动时移动。

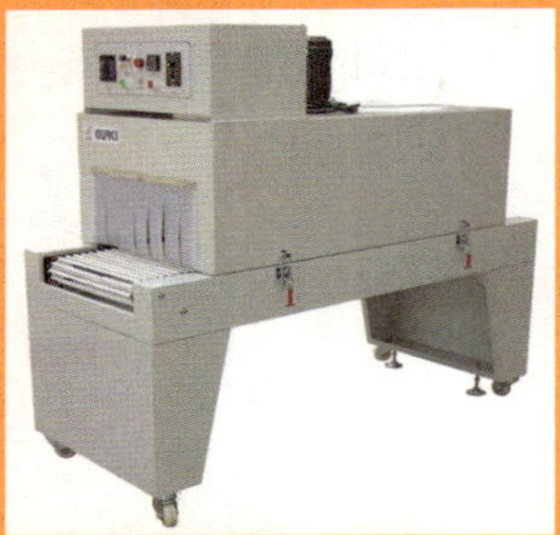

任务十四

塑封机的使用与维护

1. 功能

塑封机又称热收缩膜机，是以 PE、POF、PVC、PP 或 PET 等热收缩薄膜为主要包装材料，对单件产品或者产品组合进行收缩包装。经过包装的产品，外表美观大方，同时具有防尘、防磨损、防散、防盗、促销、节本等功效。

2. 结构及原理

塑封机如图 14-1 所示，主要由机身、电器系统、气路系统三大部分组成。机身有一台送料机架，送料机架上端安装有下输送带和上输送带；送料机架的前端连接有叠层送料支架，叠层送料支架前端为套膜封切机构；叠层送料支架靠近上、下输送带处设有升降工作台，升降工作台的上端两边设有翻转叶片，顶端设有翻转启动电机；叠层送料支架中间为叠层工作台，上端侧边安装有升入到上输送带的计数开关，上端靠近上下输送带处还设置有被包装物防弹装置。工作时，依据拟定输入的包装数量，可以设置从包装一件到数件物品的任意包装。

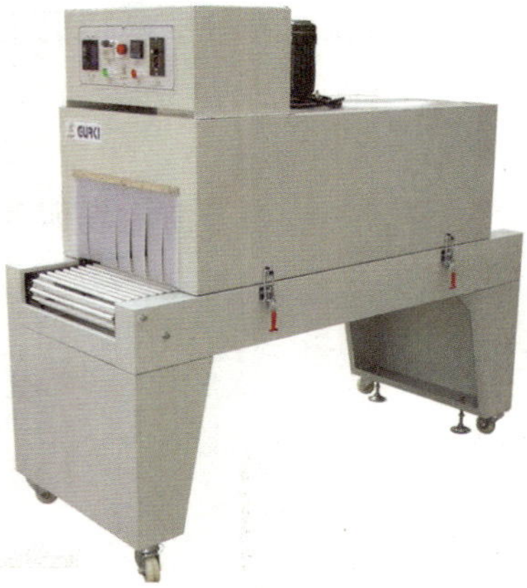

a. 设备样图

b. 实物图

图 14-1　热收缩膜机

3. 操作步骤与规范

(1)将塑封机平稳地放置在工作平台上(图 14-2a)。

图 14-2a 安置平稳

(2)接通电源,插头要插按牢靠。打开电源开关,红色电源指示灯亮,塑封机同时开始升温(图 14-2b)。

图 14-2b 打开电源,开始升温

(3)根据塑封膜热熔温度的高低和划片厚度的不同,调节温度旋钮,设定适宜的温度(图 14-2c)。

(4)当温度控制刻度指针与设置的温度匹配时,表示温度已到设定温度,可以进行塑封工作(图 14-2c)。

图 14-2c　设定温度

(5)打开“输送”按钮(输送调节速度已经设置好参数,操作人员无须更改),打开“热风”按钮即可开始塑封工作(图 14-2d)。

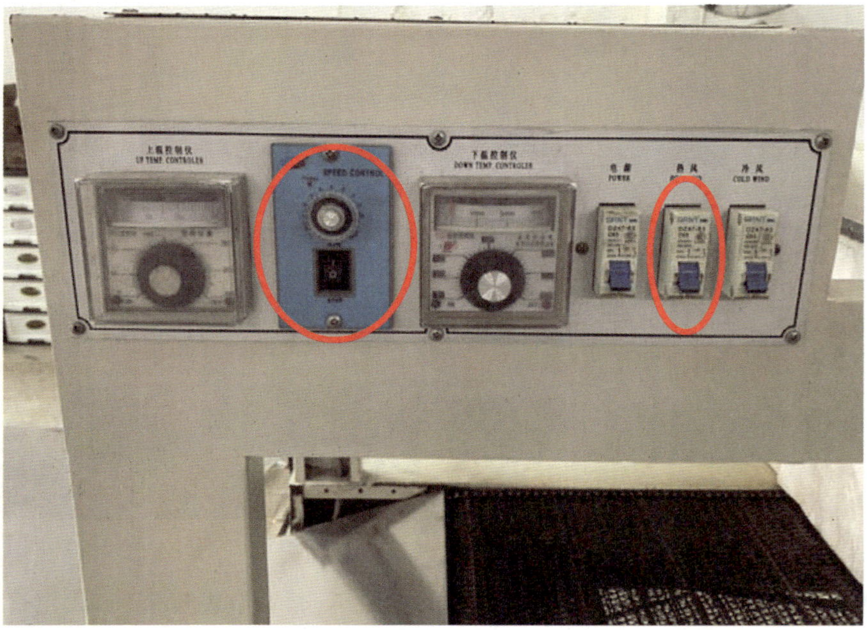

图 14-2d　打开“输送”按钮,打开“热风”按钮

(6)将塑封膜分开,根据质量要求将塑封膜套在瓶身合适的位置。

(7)从前向后将瓶子送入塑封机中加热,从后工作面板输出,即可得到良好的塑封产品。

(8)塑封工作结束后,不要立即关机,应先将温度调节旋钮置于最低温度刻度位置,运转 5 min 后再关机,以提高设备的使用寿命(图 14-2e)。

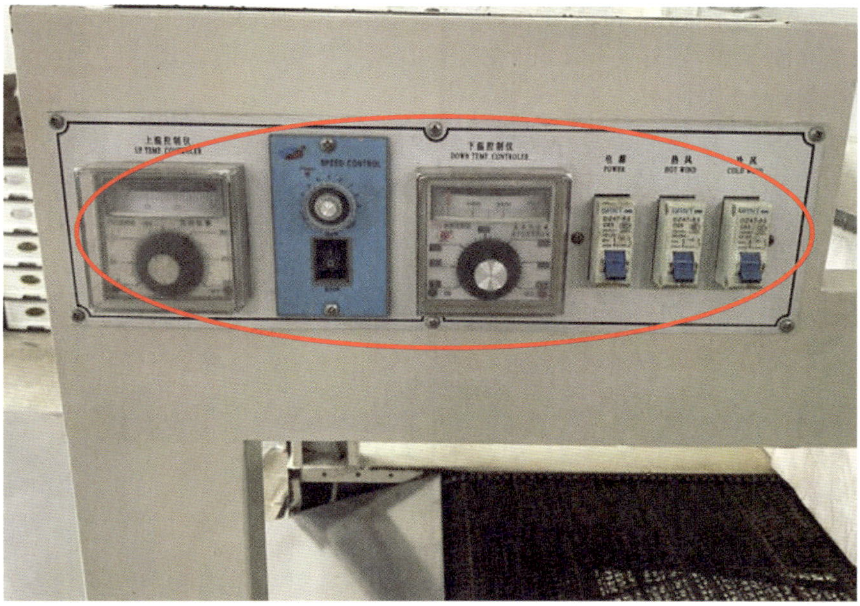

图 14-2e 关机前安全操作

(9)关机时先关掉电源开关,然后切断电源(图 14-2f)。

图 14-2f 关机

4. 维护要点

(1)对塑封机进行定期自检,发现问题及时汇报修复,切勿强行使用。

(2)机器长时间停机不用时,请用合适的罩子将整机罩住,以防灰尘。

(3)塑封工作结束后,不要立即关机,先将温度调节旋钮置于最低温度刻度位置,运转

5 min 后再关机，以延长设备的使用寿命。

5. 安全注意事项

(1)操作过程中如遇电源故障或中断，应立即停机，并实施安全保护措施。

(2)操作人员不得随意调整机器运行参数。

(3)使用过程中若遇故障，应停止使用并立即报告车间主管领导；及时做好故障情况记录。除采取必要安全措施外，非专业人员禁止擅自拆卸。

(4)注意高温操作，做好防护工作，在操作时戴好手套，以防烫伤。

(5)工作完毕，应关闭电源。

(6)工作结束后，使用人应及时恢复设备至待用的正常状态，并做好设备及所在场所的清洁工作。

任务十五

传输设备的使用与维护

一、带式输送机

1. 功能

带式输送机是食品工厂中使用最广泛的一种固体物料连续输送机械，适用于块状、粉状、颗粒状物料以及成件物品的水平方向或倾斜角度不大（<25°）场合的输送；也可用于选择检查、清洗或预处理、装填、成品包装入库等工段的操作台；还可用于其他加工机械与设备及料仓的加料、卸料。

2. 结构及原理

带式输送机主要由环形输送带、驱动滚筒、张紧滚筒、张紧装置、托辊、机架、驱动装置等组成。它通过电动机提供动力，驱动滚筒由电动机驱动，输送带依靠驱动滚筒与输送带之间的摩擦力拖动。物料由喂料端喂入，落在转动的输送带上，依靠输送带将物料运送到卸料端卸出。如图 15-1 所示为带式输送机。

图 15-1　带式输送机

3. 操作步骤与规范

(1)检查输送带四周有无障碍物,检查各连接处螺钉有无松动(图 15-2a)。

图 15-2a　带式输送机操作步骤(检查)

(2)一切正常后,打开输送带电源开关,按下运行按钮开关(图 15-2b)。

(3)工作完毕,输送带上不得存放任何物品。关闭电源后,操作者方可离开工作现场(图 15-2c)。

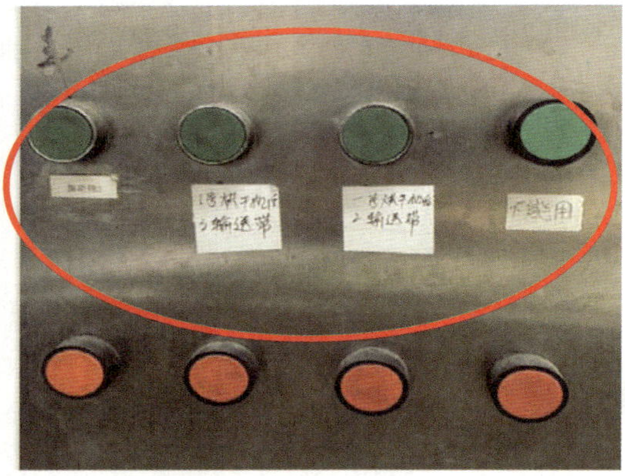

图 15-2b　带式输送机操作步骤(开机)

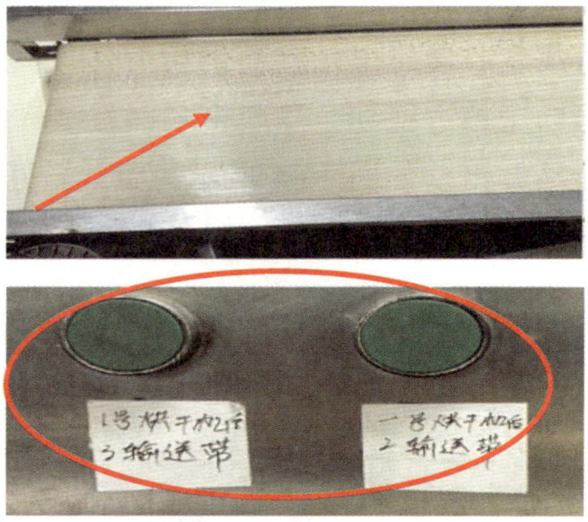

图 15-2c　带式输送机操作步骤(关机与检查)

4. 维护要点

(1)检查输送带上有无杂物,若有杂物须清除,以免杂物将输送带卡死。

(2)检查各连接处螺钉有无松动。

(3)操作者不得踩踏输送带,更不得在输送带上行走。

(4)设备操作者应严格管理电器控制箱,任何人不得随意改变计算机控制模块的设置。

5. 安全注意事项

(1)要经常检查本岗位的安全防护装置是否完好,如有损坏须及时修好,以保证设备和人身安全。

(2)带式输送机滚动轮不动时,不得用手拨动,以防伤手指,如需调换,必须停机操作。

(3)带式输送机发生故障时,应马上切断电源,不得一人擅自去排除故障。

(4)清理输送带滚轮下的积灰时,应在停运时进行;严禁从输送带上行走。

(5)输送带工作时,应注意观察是否有跑偏现象。

(6)手指和物品不得伸入传送链内。

(7)出现异常情况,应及时按下工作区附近的紧急停止开关。

(8)操作过程中如遇电源故障或中断,应立即停机,并实施安全保护措施。

(9)使用过程中若遇故障,应停止使用并立即报告车间主管领导;及时做好故障情况记录。除采取必要安全措施外,非专业人员禁止擅自拆卸。

(10)工作结束后,使用人应及时恢复设备至待用的正常状态,并做好设备及所在场所的清洁工作。

(11)操作过程中,工作人员禁止戴围巾且头发必须全部用网帽盖住,以免卷入输送带造成事故。

二、斗式输送机

1. 功能

斗式输送机主要用于垂直或倾斜方向较大的连续输送,最大限度地缩小了占地面积,也最大限度地增加了提升高度,同时提升输送速度可以调整。它将物料通过斗提机的料斗分割为小的方格块,连续地将低位处的物料提升至高位,对无黏性型固体物料具有很好的输送性能,如酿造食品厂输送豆粕和散装粉料,罐头食品厂将蘑菇从料槽升送到预煮机。番茄、柑橙制品生产线上也常采用斗式输送机。

2. 结构及原理

斗式输送机主要由料斗、牵引构件、加料及卸料装置、张紧装置、驱动装置等组成。在带或链等挠性牵引构件上,均匀地安装着若干料斗,牵引件环绕并张紧于头轮和底轮之间,传动机构将动力传递给牵引构件,使料斗运动。物料由提升机底部进入料斗,并被料斗提升向上移动,在提升机顶部被卸出机外,从而达到将低处物料输送至高处的目的。如图15-3所示为斗式输送机。

图 15-3　斗式输送机

3. 操作步骤与规范

以四川省惠通食业有限责任公司 Z 形斗式提升机为例。

(1)开机前检查设备周围有无障碍物及闲杂人员，与物料接触部位的卫生是否符合卫生要求；检查设备紧固件是否紧固，链条是否有松动、破损；检查电源线路是否安全。

(2)一切正常后，打开斗式提升机电源开关，按下运行按钮。

(3)运行中操作人员应经常对运行中的设备反复进行巡视，倾听设备运转和声响状况，发现异常情况应及时处理，遇危急情况必须紧急停机。

(4)作业完毕，关闭电源后，操作者方可离开工作现场

4. 维护要点

(1)机架机械的保养

①每月应给链条销轴加注钙基润滑脂一次，给链轮的齿面涂抹钙基润滑脂一次。

②每半年要拆下链条、销轴、滚轮进行清洗或维修。

③要注意观察减速机的油面高度是否符合规定要求，并每半年对减速机换油一次。

④设备运行过程中，应经常巡视运行情况，如有变形损坏的零件要及时更换或修理，以免发生安全事故，以保证整机完好率。

(2)电气的维护

①定期检查时，先停止运转，切断电源，然后打开控制箱等待 1～3 min。变频调速器断电后其上仍有充电电压，放电需要一定时间，为避免危险，必须等待充电指示灯熄灭，并用电压表测试，确认此电压低于安全值(≤25 V)时，方可开始检查作业。

②每次开机前确保接入电源与机型相匹配。

③每次停机后要确认已断开空气开关，以免因误动而发生事故。

④注意保持控制箱的干燥、清洁。

⑤经常注意检查各电器元件的受损情况，并做到及时地更换。

5. 安全注意事项

(1)操作过程中严禁用手或其他棒状物料直接接触运动体。

(2)运行过程过，严禁生产作业人员和非作业人员穿(跨)越设备。

(3)在斗式输送机发生故障时，应立即切断电源并有人控制电器开关，不得一人擅自去排除故障。

(4)出现异常情况时，应及时按下工作区附近的紧急停止开关。

(5)操作过程中如遇电源故障或中断，应立即停机，并实施安全保护措施。

(6)使用过程中若遇故障，应停止使用并立即报告车间主管领导；及时做好故障情况记录。除采取必要安全措施外，非专业人员禁止擅自拆卸。

(7)工作结束后，使用人应及时恢复设备至待用的正常状态，并做好设备及所在场所的清洁工作。

参考文献

[1] 陈功.泡菜加工实用技术[M].成都:四川科学技术出版社,2018.

[2] 李良.食品机械与设备[M].北京:中国轻工业出版社,2019.

[3] 章善生,中国微生物学会,酿造学会,等.中国酱腌菜[M].北京:中国商业出版社,1994.

[4] 陈功.盐渍蔬菜生产实用技术[M].北京:中国轻工业出版社,2001.

[5] 江建军.食品添加剂应用技术[M].北京:科学出版社,2010.

[6] 朱克永.食品检测技术[M].北京:科学出版社,2010.

[7] 陈功,余文华,张其圣,等.泡菜直投式菌剂制备及应用研究[J].四川食品与发酵,2008,44(4):19-23.

[8] 徐凌.发酵食品加工工艺[M].北京:中国农业大学出版社,2020.

[9] 席会平,石明生.发酵食品工艺学[M].北京:中国质检出版社,2013.